国家林业和草原局职业教育“十四五”规划教材

生态农场管理

肖双喜　主编

中国林業出版社
CFPH China Forestry Publishing House

图书在版编目(CIP)数据

生态农场管理 / 肖双喜主编. —北京 : 中国林业出版社, 2023.12

国家林业和草原局职业教育"十四五"规划教材

ISBN 978-7-5219-2604-0

Ⅰ.①生… Ⅱ.①肖… Ⅲ.①生态农业-农业发展-职业教育-教材 Ⅳ.①F323.2

中国国家版本馆 CIP 数据核字(2024)第 026731 号

策划编辑：田　苗

责任编辑：田　苗　曹潆文

责任校对：苏　梅

封面设计：时代澄宇

出版发行：中国林业出版社

（100009，北京市西城区刘海胡同 7 号，电话 83143557）

电子邮箱：cfphzbs@163.com

网址：www.forestry.gov.cn/lycb.html

印刷：北京中科印刷有限公司

版次：2023 年 12 月第 1 版

印次：2023 年 12 月第 1 次

开本：787mm×1092mm　1/16

印张：9.75

字数：232 千字

定价：45.00 元

前言

2013年以后，有许多农业经营者到高校咨询农场发展问题，但高校学科分类较细，农场发展的问题林林总总，涉及多个学科，比较复杂。在前辈的支持下，农业经济学系的年轻老师们开始试着解决这个问题，着手编写一本解决农场管理问题的教材，为社会，更为学生。

教材的名称几经修改，最终定名为“生态农场管理”。原因是经过多年探索，编写团队认为最适合我国资源禀赋的乡村产业是生态农业，而支撑生态农业的主体就是生态农场，教材定名为“生态农场管理”才能真正显示出中国特色。更为重要的是，2017年党的十九大报告提出加快生态文明体制改革，推进绿色发展，着力解决突出环境问题，加大生态系统保护力度；2020年农业农村部发布《生态农场评价技术规范》(NY/T 3667—2020)，这表明党和国家不但重视生态农业在生态文明建设中的作用，还给出了详细的技术要求。清晰的战略支持是本教材如此定名的另一个原因。总体来看，生态农场不仅产品质量更好、产量更稳定，还能保护环境，发展以研学为代表的高端乡村服务业，是农业领域践行“两山”理念的有效载体。

本教材共11章，首先论述了中国农业发展方向是生态农业，其后各章都是围绕生态理念与生态技术展开，并将其应用到农场管理的方方面面。其中，第一章主要交代背景与教学设计，为课程教学奠定基础；第二章介绍生态农场规划与创建，解决农场选址、布局设计等系列问题；第三章至第五章主要解决生态农场生产要素管理问题，内容包括土、水、肥、药、种及员工管理等；第六章和第七章分别介绍种植与养殖管理，重点解决生态技术与应用问题；第八章介绍生态农场服务业管理，重点是生活性服务业管理；第九章介绍生态农场营销管理，提出区域公用品牌与农场个体品牌协调发展的策略；第十章介绍生态农场财务管理，设计适合生态农场的会计科目与核算方法；第十一章介绍生态农场联合管理，主要介绍合作社与田园综合体。

本教材编写最早得到姜含春教授的鼓励，由肖双喜担任主编，田涛、梅莹、徐玲担任副主编，具体分工如下：安徽农业大学田涛编写第一章；安徽建筑大学徐玲编写第二章部分内容；安徽农业大学李广梅编写第三章；安徽农业大学张贵友、董萧编写第四章；安徽农业大学项宗东编写第五章；安徽农业大学肖双喜编写第六章部分内容、第八章、第九章；安徽农业大学梅莹编写第七章部分内容；安徽农业大学王立群编写第十章；安徽农业大学刘永芳编写第十一章；小毛驴市民农园黄志友编写第二章附录、第六章部分内容及附录、第七章部分内容及附录。此外，还有大量的研究生与本科生参与了本教材内容整理与课程建设，在此一并表示感谢。

限于作者水平，书中难免有不足和错漏之处，恳请读者批评指正。

肖双喜

2023 年 8 月

目 录

第一章　绪论

第一节　概念界定

一、生态农业

我国最早研究生态农业经济的叶谦吉教授从系统的角度论述了生态农业，他认为生态农业是按照生态学和生态经济学原理，运用现代科技成果和管理手段，在传统农业的有效经验下建立起来，以期获得较高经济效益、生态效益和社会效益的多层次、多目标的现代化农业。这是国内认可度非常高的定义，该定义直接从效果角度来定义生态农业，将生态农业要解决的主要问题与要达到的目标全部点出。美国农业部将生态农业定义为一种完全不用或基本不用人工合成的化肥、农药、动植物生长调节剂和饲料添加剂的生产体系。这个定义仅仅把生态农业认定为一种生产体系，没有把生态农业技术特征展示出来。生态农业在美国还有许多其他相关名称，如可持续农业、有机农业等。为使生态农业的概念更加准确，结合各方定义以及本团队的研究，我们认为，生态农业是以自然环境、生物之间的相生相克原理为指导，充分利用现代科学技术(以生态技术为主，同时包括物理、生物、化学、信息、管理等不同类型的技术)发展起来的，可实现综合效益最大化的农产品生产与消费产业。现在世界农业的主流是石化农业，为更深刻地认识生态农业本质，特将两者进行对比，分析结果如下。

(一)目标与效果不同

石化农业目标是降低生产成本，为消费者提供价格低廉的农产品。无论是机械、化学农药、激素、抗生素的使用，还是规模的扩大，其最终目标只有一个，就是降低成本。生态农业目标是提升质量，为社会以及消费者提供高质量的农产品以及优美的环境。生态农业所使用的技术与工具不以降低成本为目标，而以提升质量与环境保护为目标，所以更为复杂。两类农业发展的效果也完全不同，石化农业一般都具有较高的价格竞争力，可获得更大的市场份额，但产品质量差，环境污染严重，且不具有可持续性。而生态农业则可以生产出真正健康的农产品，同时为社会提供了更适宜人类生存的环境。

(二)技术体系与干预方式不同

生态农业主要使用生态技术，石化农业主要使用机械与化学技术。这里的生态技术是指利用自然环境与生物之间相生相克原理发展出来的技术。其中，相生类技术包括有机肥应用、套作、间作以及循环技术等；相克类技术包括天敌培育与控制技术、杂草控制技术等；除上述两类技术之外，还有兼具两者特征的种养结合技术与健康养殖技术等。因为我国传统农业已经自觉使用了相生相克的原理，所以生态农业往往被人误解为仅仅利用传统经验的落后农业，这其实是错误认识生态技术的结果。生态技术可以借鉴传统农业的经验与方法，但远比传统农业复杂，利用的知识更为深远、宽广。它既需要一定的劳动投入，又需要较高密度的知识投入，是典型的劳动与知识双密集型产业。石化农业的机械与化学技术是目前的主流技术，主要包括各类机械，以及化学农药、化学肥料、激素、抗生素等的使用。

与石化技术相比，生态技术直接干预更少。生态技术更多使用自然的力量完成生产，在保证产量的同时，尽量减少各类污染与生态破坏。而石化技术主要是人类直接干预，肥力不足直接施用化学肥料，发生病虫害直接喷施化学农药，出现杂草直接喷施化学除草剂，一旦剂量控制不当或天气干扰，上述行为就容易污染环境。美国南部海域的墨西哥湾死亡带以及中国的黄海与东海的污染都与这种农业生产方式有关。而生态技术主要靠生物之间的相生相克来完成杂草、病虫害控制，人的直接干预较少。以杂草控制为例，石化农业直接用化学除草剂将杂草灭杀，而生态农业则多用动物或密植来控制，这样杂草的控制不但没有增加物质成本，反而增加了实际产出。稻鸭共养就是这类技术的典型代表，鸭子不但控制了 80%以上的杂草，还减少了水稻病虫害，农民不仅可以每亩* 收获 350 千克以上的优质稻谷，还可以收获 15 千克以上优质生态鸭肉。值得注意的是，部分学者认为转基因技术属于生态技术，甚至就是有机技术的一部分，这是错误理解生态技术的结果。生态技术重在利用环境与生物之间的相生相克，不是利用人工技术去直接干预。转基因技术直接改变生物基因，让其具备某些非自然特征，这是人类直接干预技术的延伸。图 1-1 直接表明了石化农业与生态农业的不同之处，生态农业更加注重间接干预，而且远比石化农业复杂。

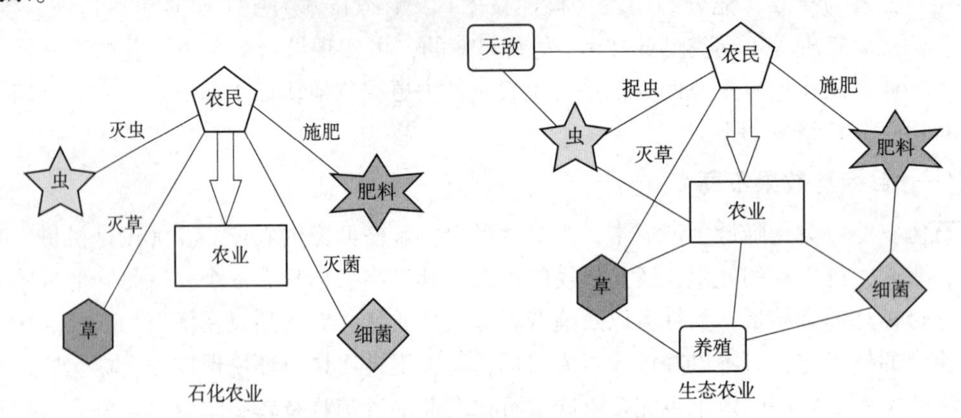

图 1-1　石化农业与生态农业区别

(三) 生产与消费关系不同

生态农业生产与消费环节一般都可融合，而石化农业生产与消费往往分离。生态技术

* 1 亩≈667 平方米。

侧重产业内部循环，而消费是循环中的重要节点，所以生态农业是一个将消费环节纳入生产的特殊产业。石化农业侧重生产要素的投入，是一个单向非循环产业，无须将消费环节纳入产业体系。此外，生态农业生产环境良好，没有生产自身导致的污染，所以生产与消费可以融合在一起，进而可以发展休闲、研学等服务业，实现乡村产业兴旺；而石化农业由于生产过程使用各种有毒化学制品，实际上生产与消费无法融合在一起，只能分离，整个乡村只宜从事农业生产，无法实现乡村三大产业的融合发展。

生态农业还有许多类似的概念，如循环农业、绿色农业、有机农业、自然农业、可持续农业等。这都是从不同角度取的不同名称，不仅基本含义相同，其实践操作也大同小异，所以这里认为它们都是同一种农业。季昆森研究与推广的“多功能、大循环”农业其实也是遵循相生相克的原理，因此严格来说也是本教材定义的生态农业。循环农业，顾名思义即侧重循环，其理念与技术主要来自欧洲，强调农业内部的各种废弃物利用，是典型的相生技术；绿色农业，侧重于环境保护与可持续发展，与生态农业效果完全相同；有机农业侧重于有机物投入，是西方学习东方传统小农经验后发展起来的一种替代农业，其精髓也是循环相生，是生态农业典型代表；自然农业(自然农法)指利用生物之间的相生相克进行生产的农业，所以也是生态农业；可持续农业强调农业的可持续性，强调对环境的保护，与生态农业本质相同。我国无公害农产品只是限制化肥、农药的使用，并没有以相生相克原理为指导，不属于生态农业。2020 年，无公害农产品认证已经改成合格农产品认证，其本质就是质量层次最低的入市农产品，未达到生态标准，因而不属于生态农业范畴。而绿色农产品虽然不完全排斥化学肥料与农药，但以相生相克的生态技术为主，属于生态农业。尤其是 AA 级绿色农产品，其标准与有机农产品类似，几乎完全利用生态技术完成生产。有机农产品完全杜绝化学产品的使用，是典型的生态农产品。

二、生态农场

根据农业农村部《推进生态农场建设的指导意见》，生态农场是指依据生态学原理，遵循整体、协调、循环、再生、多样原则，通过整体设计和合理建设，获得最大可持续产量，同时实现资源匹配、环境友好、食品安全的农业生产经营主体。该类生产经营主体可简单理解为以生态农产品生产为主的新型经营主体，实际多注册为家庭农场、农民专业合作社或有限责任公司等。生态农场业务既包括生态农业的各项生产活动，也包括与生态农业相关的加工、服务、消费活动。其原因在于生态农业中的循环包括消费环节，同时生态农场的营销也需要融入消费环节，以增加农场的业务范围与盈利水平。

三、生态农场管理

生态农场管理指对生态农场各项事务的计划、组织、实施、控制、反馈，具体包括农场规划、生产要素管理、种植管理、养殖管理、消费性业务管理、营销管理、财务管理以及在农场基础上的合作管理等。

第二节 农业发展史

从历史发展视角看，生态农业发展有其客观必然性。农业发展的过程就是人类认识自然、改造自然、利用自然的过程。在原始农业与传统农业阶段，人们对自然的认识有限，所以生产力较为落后，在草害、病害、虫害面前束手无策，只能听天由命、靠天吃饭；在石化农业阶段，人们对自身能力认知迅速提升，掌握了一系列化学、机械技术，可以直接人为干预自然，高效生产出各类农产品；在生态农业阶段，人们不仅认识到人类自身的力量，而且对自然认识更为深刻，可以同时利用人与自然的力量完成农业生产。农业发展历史趋势如下。

一、原始农业

这是人类初步认识植物生长的规律，进而掌握生产粮食与蔬菜的原始方法的阶段。这时期农业基本知识虽然非常原始，但给人类带来了远比采摘多的食物，促进了农业文明的形成与发展。华夏文明是最早的农耕文明之一，刀耕火种是其技术特征。原始农业产量低且不稳定。

二、传统农业

在数千年积累经验的基础上，人们掌握了较为全面与翔实的农业种植、养殖、工具使用等经验，形成了以铁犁、锄头等工具为核心，人力、畜力为基础的农业生产体系。但对现代的物理、化学、生物等知识没有应用，我国几千年来的农业就是这种类型。目前，在我国一些偏远落后地区，仍然有一定的传统农业存在。我国传统农业主要利用人工直接进行农业生产，其生产成本高、产量低，但质量较好。由于人类干预能力不强，传统农业对环境没有显著破坏，是一种可持续发展的农业。

三、石化农业

石化农业是以美国为首的西方国家研究出来的一套技术体系所支撑的农业，其主要使用化学、物理、生物等技术，直接干预农业生产。由于现代科技的发展，虽然人类对农业干预非常广泛而深入，但相对于人工干预，实际成本仍然得到了大幅度降低。所以在全世界范围内，石化农业对传统农业形成了广泛替代。由于人类直接干预技术仍然存在较多缺点，石化农业虽然有效地提高了粮食产量，但也造成了严重的环境污染，并且导致农业生产物质成本大幅上升，是一种不可持续发展农业。现在石化农业已经在向生态农业转型。

四、生态农业

由于利用生物之间的相生相克原理，生态农业大幅减少了人类的干预，所以其物质投入成本大幅降低。但是由于人力成本快速上升，所以其综合成本相对于石化农业而言，仍然明显上升。随着生产技术体系与产业模式的成熟，生态农业的综合成本会逐渐低于石化农业。特别是在杂草、病虫害绿色防控技术取得成功后，其成本降低将更加显著。正如日本福纲正信的自然农法，其种植的自然农法水稻真实的投入只有3~5个劳动日，再加上300千克左右鸡粪，而产量没有显著降低。未来，生态农业可以实现成本更低、质量更好、环保更佳，是一种真正高效、可持续的农业，也是人与自然共同协作的成果。

第三节 我国农业发展现状

我国农业正处于石化农业向生态农业转型的阶段，面临难得的历史机遇，也面临一定的挑战；只有发挥自己的独特优势，规避资源禀赋带来的劣势，才能真正把握我国农业发展的客观方向。

一、机遇分析

（一）消费者对健康食品的需求越来越大

随着人们收入不断增长，人们逐渐意识到健康的价值远超财富。而食物则是健康重要的影响因素之一，人们逐渐拥有了以更高价格换取健康食物的意识，这是我国生态农业发展的市场基础，也是最大的机遇。

（二）公众环保意识越来越强

环境不仅直接关系人们的生活质量，更可间接影响所有人的健康。随着我国经济持续发展，公众的环保意识越来越强，这是生态农业的重大机遇。

（三）政府生态文明建设力度越来越大

习近平总书记提出了"两山"理念，并在浙江进行了卓有成效的探索，环境保护与经济发展成为并行不悖的政策导向。生态农业作为生态文明建设在农业、农村建设中的重要载体，将成为我国乡村振兴产业兴旺的基础与支撑。

二、挑战分析

（一）国际廉价粮食对国内市场持续挤压

随着我国粮食市场国际化，国外相对安全且廉价的粮食不断进入国内市场，从而对国内生产者形成挤压，并进而影响国内的食品安全。国内石化农业越发展，这种挤压力度越大。

（二）环境继续恶化

目前我国水污染、耕地污染、空气污染并未完全消除。环境污染不仅降低了农产品质量，还使人们生活质量与幸福感下降。

（三）食品质量问题频发

由于施用大量化肥、农药、激素、添加剂等，我国现在生产的粮食并不安全。频发的食物质量问题使国内消费者对食品安全失去了信心，如国内的三聚氰胺事件间接地导致了国内奶农倒奶的现象。我国农产品质量问题得不到解决，不仅影响农业产业的发展，更有可能影响社会稳定。

三、优势分析

（一）劳动力数量众多

即使未来城市化率达到70%，我国仍有4亿左右人口生活在农村，再加上城市有大量的退休老人愿意居住在农村，我国农业劳动力数量相对充足。

（二）生物技术优势明显

我国主要作物单产在世界排名前列。以杂交技术为代表的育种技术不仅世界领先，而且是完全基于自主力量发展起来的。在生物技术支持下，我国粮食供给已经从供给不足转为供求基本均衡，这也是现代农业发展方向由石化农业转向生态农业的基础。

（三）悠久的精耕细作传统

我国传统农业发达，现在从事农业生产的老年劳动力都有长期从事有机种植的精耕细作的技能，这是西方以规模化为主的石化农业生产者所不具备的关键技能。

四、劣势分析

（一）农业规模过小且土地细碎

我国人均耕地面积不足1.5亩，人多地少的现状短期内不会改变。不仅如此，每户的土地因历史原因还没有集中在一起，分散于村庄各处，更加凸显了规模小的劣势。

（二）劳动力文化水平较低

近年来由于农业效益较低，很多年轻人到城市务工，留在农村的基本是年纪较大、文化水平较低的老年农民。

（三）劳动效率低下

由于人多地少，部分区域基础设施不完善，我国仍有部分农产品生产机械化率偏低，农业劳动效率低。

第四节　坚持生态农业发展方向的原因

对我国农业发展现状进行分析可知，未来更适合中国农业资源禀赋的是生态农业，其原因如下。

一、生态农业与我国发展机遇一致

首先，与石化农业不同，生态农业是典型的可持续农业，并不完全依赖化肥、农药以及激素等化学产品，从而较好地保证了农产品品质，这与人们追求健康的要求一致。其次，生态农业的发展不以破坏环境与降低土壤质量为代价，这与社会、政府保护环境的要求一致。如果继续发展石化农业，一方面环境污染难以治理；另一方面人们对健康食物的需求也难以满足。最后，生态农业发展可以支撑国家生态文明建设，也是乡村振兴的核心力量。

二、生态农业可以较好地规避国际市场低价竞争等主要威胁

生态农业可以规避农产品的进口挤压。我国因人多地少的基本国情，国内的小规模农户与家庭农场无法与国际大规模农场进行成本竞争。但竞争理论表明，竞争战略除成本竞争（成本领先战略）之外，还有质量竞争（差异化战略）。生态农业与发达国家规模化农业

相比，其最大优势正是质量。现在日本每斤[*]售价超过百元的越光大米之所以还能出口我国，就是其卓越的质量优势。若能结合粮食生产的城乡互助模式，我国粮食不仅可以凭借自身的质量优势而占有国内市场，降低国际竞争带来的巨大压力，甚至还可以出口国外。如果国际粮食质量因采用生态技术而上升，其成本也会相应增加，仍然可以减少对中国市场的压力。

三、生态农业可以充分发挥我国农业的潜在优势

我国最大的基本国情就是人多地少，而生态农业又是劳动与知识双密集型产业。生态农业发展可以发挥我国劳动力丰富的优势，解决留在农村的4亿农民的就业问题，较好解决我国城市就业压力过大问题。同时，生态农业可以与生物技术自然融合，更好发挥我国精耕细作的传统农业优势，不但可以提升质量，还可以增加总产量。我国自2021年在华北推广的玉米-大豆间作技术是一种典型的生态技术，虽然玉米与大豆平均单产都有所降低，但综合产量显著高于单一作物。

四、生态农业可以弥补我国农业劣势

我国农业最大劣势是规模小，而生态农业由于以生态技术为基础，反而不适合大规模的生产。对于生态农业来说，适度的规模不仅不是劣势反而成了优势。规模的劣势消除后，劳动力生产率低的劣势也有所减轻。

综合上述4个方面内容，我们可以发现，知识与劳动双密集型的生态农业可以解决我国农业的环境、质量与竞争力等问题，是我国农业发展的自然选择，更是我国农业发展的正确方向。

第五节　生态农场发展指导思想与发展方向

一、指导思想

（一）自强理念

自强理念来自中国传统思想“天行健，君子以自强不息”，应用在农场管理中主要分成3个方面：①农场要有独立发展的意识与能力，不能完全依靠政府与社会等外部支持。现在世界发达国家的主流农业及我国的规模化农业都是依赖政府补贴才能生存与发展，这与自强理念并不兼容。真正有生命力的农场必须能依靠市场力量独立发展。②每个农场要有自己的主导产业或产品（主要盈利点），所有其他产业、产品要为之服务。农场要在主导产业（产品）上不断创新，不断进步，否则农场将会没有任何特色，从而丧失竞争力。③自强理念不仅表现在主导产品上，也要体现在农场的服务中。现代的生态农场不仅有自己的种植、养殖、加工产业，还有以休闲、体验、研学为代表的服务业，农场在规划设计各类活动时，要以自强精神为指导，将自强不息的精神传播开来，不仅给社会带来健康的产品，更要为社会，尤其是到农场消费的青少年展现积极、健康的精神面貌。

---

[*] 1斤=0.5千克。

（二）相生理念

相生理念是指生物之间相互支撑、协调发展，可分为共存理念与循环理念。共存理念指农场除主导产业之外，其他产业、产品要根据自然环境、社会需求与主导产业、产品共存。该理念如果上升到精神层次，就是要保留一切可以保留的生物，与之共存。例如，果园里的杂草藿香蓟是害虫天敌的繁殖场所，同时可以为果园提供阴凉，降低温度，提升果园湿度，所以要保留。该理念具体到农场管理可以表现出生态农场与专业化大农场的不同，生态农场不只是生产一种产品，而是以一种产品为主，配合其他产品，形成多种产业、产品共存的局面。相生理念在农场内部主体利益分配上则体现为不能仅重视农场主利益，而是兼顾所有职工利益，甚至周边村民利益，实现农场主、员工、消费者以及其他利益相关者共同受益。

循环理念是指农场的营养物质要实现最大程度的循环，以节省成本，提升产品总产量与质量。循环理念是相生理念最直接的体现，在其指导之下的生态农场至少要实现种养循环、工农循环、城乡循环，形成不同产业、区域的循环相生。过去我国小农的“粮猪结合”就是循环理念的典型代表，家庭将不便消费的作物副产品，如秸秆、米糠等喂猪，猪粪还田，猪肉则提升食物质量，形成“粮多—猪多—肥多—粮多”的良性循环。这套小型循环体系可以将一个家庭的全部有机物进行转化，不产生任何浪费与环境污染，这是我国农业几千年可持续发展的重要原因。“家”字就是这种传统模型在汉字中的体现（即“家”字理解为养猪的房子），这是作为农耕民族的华夏子孙能可持续发展的核心密码。现代生态农场发展的循环虽然更大、更长，但原理相同。我国环境污染的一大重要原因就是城乡之间的大循环被破坏，城市的人粪尿无法转化成有机肥。未来生态农业发展后，要通过“湿地农场”再次将这种城乡循环建立起来。

（三）相克理念

农场相克是指农场中的生物之间形成一条相互克制链，以实现生态平衡，控制病虫害。农场各产业之间形成相生循环链条，同时对病虫害形成克制链条。从一般的视角来看，农场集群之间的竞争也是一种相互克制，可以激发农场的活力，使之生生不息。

二、发展方向

根据本团队调查，生态农产品市场成熟度一般按口感显著性排序。首先是鸡蛋，其次是水果，然后是肉类，最后是口感差异不太明显的大米与蔬菜。在消费者生态理念不强且市场接受度不高的情况下，建议按上述顺序选择自己的发展方向。对于技术水平不高，对农业也不太熟悉的年轻人，可以选择一个简单的产品进行种植或者养殖。在熟悉该单品以后再进行种养循环。种养循环成功后，再考虑加入研学等服务性项目，这样可保证农场稳步发展。而对于资金、人才、技术都较为成熟的投资者而言，可以根据当地的资源，多元化发展，一次性建设完毕。

第六节　智慧农场与生态农场

一、智慧农场概念

智慧农场的概念源于20世纪后半叶出现的精准农业，为解决农业发展中遇到的水土流失、环境恶化、田地差异等问题，利用遥感技术、地理信息技术、大数据手段等，让农业生产人员实时掌握关键农情数据，配合专家系统进行诊断，针对不同农情进行精准施肥、精准打药，实现降低成本、提高产量、减少环境污染和温室气体排放等目标。随着人工智能、物联网、大数据等一系列新一代信息技术的发展，美国、日本、德国、挪威、荷兰等众多发达国家陆续引入了无人农业的概念。

二、智慧农场与生态农场融合

（一）智慧农场发展阶段

我国正处于从农业机械化到农业智能化和无人化的起步阶段，农业机械和农业机器人可以在一定程度上代替人类，但是想要从劳动、管理和决策各个方面取代人类，还有很长的路要走。从智慧农场的发展来看，可以分为3个阶段。

1. 初级阶段

初级阶段的智慧农场采用远程控制对农场的生产经营进行管理。在此阶段，农业的工作摆脱了空间的约束，农场的机械设备无须人们亲自操控，农业人员可以通过田间传感器网络、农业机械上传的工作状态数据对农业机械进行远程控制和管理。初级阶段的智慧农场可以很大程度地解放劳动力，但是由于设备的智能化程度有限，尚不能完全脱离人类控制。

2. 中级阶段

在智慧农场的中级阶段，智慧农场的形式从远程控制演化为无人值守，农业的工作进一步摆脱了时间约束。在此阶段，虽然需要人员不定期介入生产过程，但是已不需要24小时在监控室内操控监测，人的身份从操控者演化为决策者，只需要制订生产计划和应对机器无法处理的突发情况。

3. 高级阶段

智慧农场的最终阶段，就是人摆脱一切和农业作业的关系，农场具有一切农业规划、农业决策、农业作业的能力，可以完全自主完成一切农业工作，人类只需要享用已经收获的农产品即可。这是对未来农业的设想，目前科技难以实现。

（二）智慧农场与生态农场融合路径

智慧农场与生态农场都是现代科技发展成果，两者可以在目标、技术与业务上实现完全融合，具体如下：

1. 智慧农场与生态农场的目标融合

智慧农场发展的最终目标不是形成完美的智能技术，而是在保护自然环境的同时，为人类提供健康、丰富的食物。这正是生态农场的最终目标，所以两者可以在最终目标上实现融合。

2. 智慧农场与生态农场的技术融合

智慧农场发展主要依靠现代人工智能技术、信息化技术、自动化技术等。随着现代智能技术的进步，人们发现，只要控制好温度、湿度，就可以充分控制各类微生物与动植物的生命机能，从而间接实现农场的智能化管理，也就是通过嫁接现代智能技术，将农业生产与各类生物机能结合起来，实现农场无人管理，农场的各项生产功能可以依靠各类生物自我机能自动完成，就像大自然会为人类自动创造食物一样。这时，智慧技术与生态技术就实现了完全融合。

3. 智慧农场与生态农场的业务融合

智慧农场从无人值守开始便不需要人直接从事农业生产，但智慧农场并不是没有人在此生活。相反，智慧农场除农业外，还有非常丰富的与农业相关的各类产业。以农业为基础，智慧农场可以发展以种养业为基础的农产品加工业、农业服务业，实现三大产业融合发展。而生态农场除农业生产功能外，也是大量消费性行为的集聚地。在生态农场里不仅有种植、养殖，更会有大量的农产品初加工，以及以农业为基础的研学、餐饮、民宿等产业。因此，智慧农场与生态农场在业务上也会实现统一，都可实现“三产融合”。

知识拓展

石化农业成就与问题

一、石化农业特征与成就

石化农业是石油与化学农业的简称，指主要依靠机械与化学产品进行生产的一种农产品生产产业。石化农业主要投入的是机械与化学产品，其最大的特征就是人类利用上述技术对生物进行直接干预，将人类所掌握的技术能力发挥到最大，同时将人的劳动成本降到最低，特别适合地多人少、土地资源丰富的国家。

石化农业具有成本低、产量高的优势。石化农业所使用的技术为现代最先进的机械、化学、生物技术，可使生物产量达到最高，同时大幅降低人类劳动，进而将总成本降到最低。石化农业技术在全世界推广以后，显著提升了全球粮食产量，缓解了人类粮食不足问题。这是石化农业带来的最重要成就。

二、发达国家石化农业发展带来的主要问题

以规模、产量、效率见长的石化农业为解决人类饥饿问题做出了巨大贡献，但也带来了一系列健康与环境问题。以石化农业非常发达的美国为例，其整个社会肥胖率居高不下，部分州成人肥胖率超过2/3，而其儿童肥胖则已经成为重要的社会问题；同时，美国女性乳腺癌发病率高达13%，远高于亚洲的4%~7%，更远远高于中国大城市的0.05%。美国一些研究表明，这些疾病与其饮食习惯和食物质量有关。美国康涅狄格州大学 Joshua P. Berning(2012)研究表明，当一个人直接消费来自社区支持农业(community supported agriculture，CSA)生产的健康食物时，其体重一年后会减轻20%。除健康问题外，面源污染

也是石化农业无法避免的重大副作用。石化农业发达的地方，水污染、重金属污染都客观存在。

三、我国石化农业发展带来的主要问题

我国在引进西方石化农业技术以后，与发达国家一样，农产品产量增加的同时也导致了农业竞争力降低、民众健康与环境问题。

(一)石化农业发展遭到了"两板"夹击

随着国内粮食成本的不断增加，我国粮食价格已经赶上并逐渐超过了国际粮食价格，这在国内被形象地称为"两板"夹击。与美国为代表的大规模石化农业相比，我国亩均地租成本往往在其10倍以上，机械、化肥、农药等成本也普遍高于发达国家。而与发展中国家相比，我国的人工成本又非常高。总体来看，我国农产品的成本优势已经消失。由于我国人多地少的基本国情，大宗农产品在成本方面缺乏国际竞争优势，只要石化农业发展方向不变，这种"两板"夹击的局面将是未来的常态，国内农业生存空间会越来越小。

(二)石化农业的发展对环境造成了一定的负面影响

目前，农业生产活动已经成为我国最大的面源污染源。农药、化肥和畜禽养殖等污染源占河流和湖泊营养物质负荷总量的60%~80%，不仅污染了地表水，还严重影响地下水质量。尤其在我国北方，原本就缺水的地区因为面源污染而使缺水现状更加严重。另外，随着大量劣质化学肥料的使用，以镉为代表的重金属广泛进入了农业主产区土壤。除水与土壤污染外，石化农业还与雾霾密切相关。石化农业所需的各种农膜、化肥、农药生产带来首次污染，而农民在使用这些化学产品后，又会带来二次污染。此外，由于便捷的化学肥料代替了传统有机肥，农村中原本用作肥料的各类秸秆、粪便在露天燃烧与露天堆放后产生了新的污染。尤其是农田中过量施用的氮肥与露天堆放的粪便会不断排放氨气到空气中，导致碱性的农业废气与城镇工业、生活产生的酸性废气结合，在空气中进行二次化学反应，形成以硝酸盐与硫酸盐为主体的大量微尘(二次气溶胶)，成为我国空气污染的重要来源。综合来看，石化农业对环境的污染非常显著。

(三)我国石化农业的发展对消费者健康造成了一定的负面影响

1. 化肥超标使用与居民消化道癌症相关

在石化农业中，因化学肥料释放氮元素的速度远超作物吸收速度，多余的氮元素除造成环境污染外，还影响食品质量安全。以蔬菜为例，土壤中过多的氮肥被蔬菜吸收以后，会将多余的氮元素以硝酸盐的形式储存在体内，以备土壤中氮元素减少时使用。但如果土壤中的氮元素供给一直较为充分，这些蔬菜体内的硝酸盐就没有机会转化成蛋白质。在食用这些含有较高水平硝酸盐的蔬菜后，它们会在人体内转化成亚硝酸盐，进而与人消化道内的胺类物质结合，形成亚硝酸胺。作为一级致癌物，亚硝酸胺对我国消化道癌症发病率有明显的影响。范允舟等通过对38例消化道癌症进行研究，发现农药和硝酸盐污染是引起消化道癌症的危险因素。于世江研究表明，在一定的条件下，两类亚硝酸胺前体物(二级胺和硝酸盐、亚硝酸盐)可在体内合成亚硝酸胺，进而引发食管癌、胃癌等消化道癌症。

2. 农药的长期使用与各类疾病产生高度相关

徐锦华等通过对265例成人白血病患者进行1∶1对照研究，发现农药接触史对白血

病的产生影响显著。有的学者通过农药对实验动物的致癌性研究指出，非霍奇金淋巴瘤、脑肿瘤和肾癌均与一些农药和溶剂(如苯)有关。在对美国中北部农药使用者与非农药使用者的对比观察中发现，使用农药组的染色体重排发生率明显增加，而对照组未见染色体重排，因而推测接触农药与淋巴瘤也有一定的关系。就连被学术界认为是世界上最安全的除草剂草甘膦，也被世界卫生组织指出可能具有致癌性。根据美国 Cristian Tomosetti 和 Bert Verge 等人在《科学》杂志发表的文章，癌症的产生原因 66%来自基因复制过程中产生的错误，29%归于生活方式与环境，5%归于遗传。这使人们在思考癌症产生的原因时自然会关注到人类的基因复制为何会产生错误。相关资料表明，以草甘膦为代表的部分除草剂正是通过促进或抑制蛋白质合成来杀死杂草，换言之，部分除草剂是通过影响植物蛋白质基因复制来消灭杂草的。另外，除草剂本身对环境破坏非常显著，根据研究，环境本身也是癌症的重要影响因素。综合来看，除草剂对人健康带来的影响可能比人们预想的要大。虽然现代使用的所有除草剂都是经过安全检测的，但不排除其长期使用所带来的累积性效应远远超过现有科技的评估。

3. 各类激素的使用导致了耐药性、肥胖以及其他疾病

规模化养殖业推广以后，为保障畜禽健康，抗生素甚至一些人畜共用抗生素开始在养殖业广为使用，不但造成了环境污染，还使人体对抗生素产生了显著的抗性，甚至导致了超级细菌的产生。而一些不法养殖企业对雌激素的滥用则增加了人们肥胖的风险。另外，被中国禁止但在部分国家仍合法使用的以瘦肉精为代表的激素，也对人们健康造成了一定的影响。

总体来看，石化农业在较好地解决人们温饱问题的同时也带来了一系列健康问题。

思考题

1. 石化农业的成就与不足各有哪些？
2. 什么是生态农业？
3. 生态农业为什么是我国农业发展的方向？
4. 如何看待智慧农场？它与生态农场有何关系？

第二章　生态农场规划与创建

第一节　生态农场规划

生态农场是以自然环境、生物之间的相生相克原理为指导，充分利用现代科技与管理知识，从事农产品生产、加工、营销与消费的一体化新型经营主体。生态农场规划是指对农场创建与发展所做的长远计划与具体设计。根据相关规划理论，将农场规划分成以下5个部分。

一、环境分析与农场选址

(一)农场发展环境分析

创建农场之初要确定地址，在此基础上，再分析其宏观微观环境，然后确定农场的方向、特色、产业等具体内容。除与污染源至少有2千米距离且5年内未发生过任何污染外，生态农场还应主要考虑以下两个方面的因素。

1. 宏观环境分析

宏观环境是指农场必须适应的各种大趋势。农场作为经济发展个体，基本没有改变宏观趋势的可能性。宏观环境包括政治、经济、人口、文化、自然、科技6个方面。宏观环境分析的目的是找到不可逆宏观发展趋势，并以此确定农场发展方向。

(1)政治环境分析

政治环境分析指分析农场所在区域的政治趋势，内容包括当地政府所出台的文件、主要领导讲话、各类补贴政策等。有的地方鼓励规模化农业发展，生态农场创建则难以得到政府补贴与其他政策支持。有的地方政府鼓励环境保护，生态农业则可能得到更大力度的支持。

(2)经济环境分析

经济环境分析指分析农场所在区域的经济总体发展阶段、总体收入水平、分层次收入水平以及相应购买力水平，为农场寻找目标顾客奠定基础。从经济规律来看，收入水平越高，人们越愿意购买高质量的产品。

(3)人口环境分析

人口环境分析指农场应分析本地市场的人口总量与结构，分析可能的目标顾客规模与潜力。一般情况下，性别与年龄结构对市场有较大的影响。

(4)文化环境分析

文化环境分析的目的是确定消费者需求，根据区域文化、区域亚文化，确定消费者偏好与购买习惯，分析农场供给的产品以及促销方式与促销重点。文化可以理解为一群人共同的理念与行为方式以及共性知识。目前生态农场可以通过自己的努力对农业附着的文化进行开发，以满足消费者内在成长型的文化需求，如将农场与传统农业结合，将传统的农具、农业节庆、农产品加工方法形成文化教育项目，甚至可以利用农业知识解读汉字，将农场打造成为传统文化传承载体。文化决定消费偏好，理解了区域文化，就基本理解了区域消费偏好。

(5)自然环境分析

自然环境分析指农场应分析当地自然环境的特征，设计本农场生态过渡期，找到适合本地的产品以及种植方式，同时根据自然环境特征确定农场选址与服务方式。另外，一个农场的基础设施建设一定要考虑自然环境特征，尤其是风力、降雨量、降雪量极值等变量。实践中众多农场的大棚之所以被风吹、被雪压，多数是因为对自然环境相关变量缺乏准确分析导致的。

(6)科技环境分析

科技环境是指对当今主要科技发展趋势进行整理与总结。以数字技术与人工智能为例，其发展必然使生态农场更加趋于自动化与智能化，而不是为了保持传统而使用大量人力；而以捕食螨为代表的生物防治技术使农业新型经营主体放弃高毒化学农药的可行性大为提高。生态农场只有生产出高质量、低成本的优质产品才有竞争力。科技环境分析会使生态农场在未来技术道路选择上更加清晰。

2. 微观环境分析

(1)农场主自身条件分析

农场主自身条件主要指农场主自己的能力与意愿。发展农业虽然被许多人认为非常简单，但在实践中农业却是难度非常高的一个产业。一个人如果仅仅是为了收入或者闲适的生活而去发展农业，可能会遇到大量意想不到的困难。所以，认真分析自己的内在需求、能力、条件是非常有必要的。

①要从内心真正热爱农业　农场主要从内心认可农业，而并不仅仅将其当作谋生手段。只有农场主愿意亲自投入时间与精力，他才能真正解决农业经营中出现的问题，同时能够取得消费者信任，真正解决营销难题。

②要有相对全面的知识与能力　因为农场分布相对分散，任何一项业务都依赖于外界服务，会增加交易成本，所以农场主要有相对全面的知识与能力才能降低农场经营成本。这也是农场主培养与其他专业人才培养的最大区别。特别是机械、运输等工作，对于一个农场主来说是必须要掌握的基础技能。

③要有家庭与平台的支撑　如果农场主的个人意愿与家庭其他成员不一致，其发展与耐挫折能力都会大幅降低。家庭的支持会使农场主具有更强的决心，同时也具有更强的抗挫折能力。此外，由于农场单独发展会面临更高的生产与营销成本，所以找到可以依赖的平台是农场主发展业务的重要手段。如果一个地方具有较好的发展基础，有可用的生产与销售平台，农场业务发展成本会显著降低。如果一个地方缺乏这样的平台，则应慎重

投资。

(2)消费者分析

要明确农场的消费者，知晓其购买意愿、购买能力，并能大概判断出农场的销售额。部分农场主在发展之初，利用众筹方式聚集消费者，这也是一种非常好的消费者分析方法。众筹本身就是一个寻找消费者、分析消费者、满足消费者的过程。根据消费者特征，可以确定农场以后的生产、经营以及宣传方式。

(3)竞争者分析

明确农场直接与间接竞争对手的数量、特征、优势与劣势，并力争与之形成错位竞争。当生态农场之间形成错位竞争之后，其进入市场的成本会更小，从而更容易赢利。

根据SWOT分析结果，确定农场发展方向；根据消费者稳定的需求趋势与自己能力，确定农场特色；再根据农场特色，确定具体产业。这样，农场规划方向就可以相对清晰地确定下来。

(二)农场选址

1. 市场因素

由于生态农场特别重视生产与消费的对接，所以不能距离消费市场太远，其距离以不超过2小时的车程为佳，自然条件特别好的农场除外。如果农场服务的市场相对集中且可以找到志愿者，农场服务市场的能力会有所增强，服务半径可以更大。对于远离消费市场的地区，短期内不宜创建生态农场。只有在全国生态环境全部改良且运营成本大幅降低之后，才有可能建设生态农场。

2. 地形因素

地形因素虽然对农场选址没有决定性影响，但是却能导致不同的建设成本。如果农场有天然的隔离带，如被山峦、河流、道路、林带等隔离开来，可以规避其他地区使用化肥、农药的影响，从而降低生态恢复的成本。如果没有这样的天然隔离带，一定要人工设计与建设隔离带。隔离带既有隔离与生态恢复的作用，也有防止杂草、美化环境的作用，要根据地形灵活设计。尤其是平原地区，隔离带对防治病虫害作用非常大。

3. 水利因素

生态农场要求有独立的水源，并且水质达到Ⅱ类标准。而现在普通农区的水质，因面源污染，85%为Ⅲ类及以下地表水标准。因此，生态农场需要有独立的优质水源。如果因客观原因，无法将农场与其他农区水源独立，一定要建设独立的灌溉与排水系统。如果一个地区无法解决水源问题，则不宜建设生态农场。

4. 道路因素

生态农场需距离交通主干道1千米以上，以避免由汽车尾气导致的重金属污染。同时，生态农场由于多是生产与消费相结合，所以必须要具备良好的通达性。如果当地交通能满足旅游通达、机器耕作、便捷运输等条件，道路因素则可得到较好满足。一般来说，一个生态农场的主干道路宽度不宜小于5米，以便形成可错车的双车道，建设能容纳相应客流量的生态停车场。

5. 社会因素

农场可以得到社会支持也是非常关键的因素，这里的社会支持是指当地的社会文化、社会关系与公众支持。生态农场关键性资源都在室外，存在被偷窃、损毁、污染等各种风险。农场如果建立在社会风气良好、社会关系和谐且可得到社会支持的地方，各类生态方法就可以得到大胆使用，进而解决生产与营销成本偏高问题。例如，现在一些地方不敢使用稻鸭共养方法，其原因就在于役鸭的被偷窃，所以社会因素也是非常重要的。除社会风气与社会关系外，农场如果有养殖业务，养殖点距离居民点一般要在 1 千米以上，并且中间要有除臭等设施或者措施，这是避免社会矛盾的基本要求。

二、农场布局

(一)农场布局原则

1. 便于降低物流成本

最大化地降低物流、仓储成本，降低各产业间物流运输成本。

2. 兼顾生态适应性与市场需求，便于各产业协调发展

农场布局产业时，首先，要考虑生态适应性，保证生物与环境匹配，保证动植物健康；其次，要考虑市场需求，应能满足顾客的营养、休闲需求；最后，要便于各产业轮作、间作、套作，形成相生相克产业体系，便于杂草与病虫害控制。

3. 便于生活与发展休闲旅游

布局要便于生活居住，便于顾客采摘、体验与观光(形成环路)。在布局时，要保证各个旅游项目能连成一体，保证休闲观光产品的完整性与有效性。

(二)农场布局内容

农场布局包括功能区布局，以及建立在功能区布局基础之上的隔离带布局、生态保育带布局、水布局、道路布局、建筑布局等。需要在图纸上将各个区域进行分割，并标出具体内容。

1. 功能区布局

生态农场一般需要划分综合生产区、休闲体验区和管理服务区 3 个主要的功能区(表 2-1)。具体论述如下：

(1)综合生产区

综合生产区承担农场生产功能，主要包括种植或养殖等部分。地势平坦地块，若水源较好，且便于机械耕作，则从事粮食生产较为合适。为降低病虫害控制成本，可结合具体粮食品种，发展种养结合，如稻鸭共养、玉米鹅共养等。因此，需要在粮食产业布局时预留养殖业发展所需的水沟、养殖棚、饲料房等基本设施。在种植面积较大时，为提高生物自身对病虫害的抵抗能力，应利用生态保育带对各个品种进行适当分割。结合种养比例，合理配置各种作物与畜禽数量比例。在地势起伏地块，可以发展旱地经济作物，如蔬菜、水果，并发展设施农业，以降低气候对农业生产的影响。同时，无论是种植还是养殖，都可根据具体条件，将其中的一部分设计成观光项目，利用观光道路将各类观光、休闲、采摘、体验项目连接起来，实现与农场体验区的无缝对接。

(2)休闲体验区

休闲体验区一般包括室外、室内两个部分。室外体验区主要为前来观光的游客提供一些简单轻松的农场游戏、亲子活动、休闲观光等。室外体验区在建设时要充分利用农场的地形，一些依山傍水的农场可以依托山水开发休闲体验项目，通常这些别出心裁的活动更能吸引消费者参与，让他们在新鲜、刺激的活动中得到在喧闹的城市中所无法体会到的精神享受。室内体验区一般会让家庭进行一些手工制作活动，如让小朋友在父母的帮助下将黄豆制作成豆腐、将草莓制作成草莓酱等。此外，也可以围绕农耕文化开设趣味小课堂，例如，将汉字与农业结合起来，向小朋友介绍汉字与农业的关系，包括汉字的由来以及其演化进程，使得体验活动既有趣味性，又有教育意义。

(3)管理服务区

管理服务区主要是为游客提供服务的功能区域。该区域可满足游客停车、住宿、餐饮、购买生态农产品等需求。管理服务区根据农场规模进行设计，100 亩以上规模的农场，基本服务区面积在 3 亩以上，其中停车场面积一般不低于 1000 平方米。

表 2-1　生态农场功能分区

功能分区	选址	建设内容	主要功能
综合生产区	农场种植、养殖、加工等区域	粮食、蔬菜、水果等种植及畜牧、水产等养殖设施	生产、初加工、休闲观光、储存等
休闲体验区	农场服务区与生产区之间	草坪、广场、土灶、活动大棚、养殖棚等	农事体验、自然教育、展览等
管理服务区	农场入口区域或主建筑所在区域	管理、停车、餐饮、住宿、销售所需建筑及设施	综合服务

2. 隔离带与生态保育带布局

根据周围农业类型，在农场周边地区建设宽 8~20 米的隔离带。隔离带建设的直接目的：①隔离周边农药、化肥影响，保障农场动植物安全；②阻挡杂草种子飘移，减轻外来杂草压力并干扰害虫定向寄生植物；③美化与生态保育。除直接目的外，隔离带建设还有心理与社会价值。心理价值体现在这个属于农场主的区域是清晰的，农场主体产权的外在体现非常清晰。社会价值在于可以得到社会公众普遍认可，并在某种程度上防止偷盗。

如果农场面积较大，还应将 5%~20%的面积留出来用于生态保育带建设。保育带建设的核心目的是进行生态恢复，为作物害虫的天敌提供繁殖场所，控制虫害。保育带建设可以充分利用农场的地形、村庄、道路灵活布局，减少耕地占用与后期杀虫剂的使用。

3. 水布局

水布局要贯彻生产、生活需要以及贯通农场各区域原则。根据地形与农场需要可以设计成自流式布局、游龙式布局、点状式布局。在丘陵地区力争构建自流式布局，保证水流穿过农场，兼顾各业务用水与生活用水的需求；平原地区则应将河流引入，形成在农场周边环绕与内部进行分割的游龙式布局；山区则应根据地形条件，因地制宜挖水池、水塘，形成遍布农场的点状分布。所有农场水系都应保持连接，让水动起来，达到"流水不腐"的基本标准。各水系中应适当种植水生植物，以起到绿化环境、净化水质和繁育目标作物害虫自然天敌的作用，并使普通的Ⅲ类水转化成Ⅱ类水。

4. 道路布局

根据产业、水、建筑、休闲观光等需要，一般将农场道路分为主干道、次干路、观光路、机耕路。道路一般要设计成环路。一般情况下，农场的主干道宽 5~7 米，以保证农机、车辆并行通过，用水泥或柏油铺设路面。农场次干道可以设计成宽 3.5 米，保证车辆单向通行。次干道可以与机耕路重叠。农场机耕路宽 2.5 米左右，保证农机晴雨天都能通行，用石子铺设较好。除这些基本的生产交通外，农场还应设计观光路，供消费者锻炼、游览，道路宽 1.5~2 米，用以连接各类休闲观光项目。如果以人行为主，则宽 1.5 米为最低标准，以保证两人并行，且两边留有足够的路肩用于种植花草或果树，路面铺装采用生态型材料。具体见表 2-2 所列。

表 2-2　农场主要道路类型及建设指标

道路类别	宽度(米)	铺装材料
主干道路	5~7	水泥、柏油、砂石
机耕路	2.5 左右	石子路为佳
观光道	1.5~2	生态型材料，就地取材

5. 建筑布局

以建筑为核心，将农场在其周边展开，以便降低管理、物流等成本。农场建筑应包括生产用房、生活设施以及餐厅、厕所等。因为土地限制，可以通过建设上层生活设施、底层农业设施的特殊建筑方式加以解决。厕所采用干湿分离方式建设(具体建设内容见本章知识拓展)，将粪便加粉碎的秸秆转化成有机肥；尿液兑入一定比例清水后，可直接用于作物生产，尤其是蔬菜种植。另外，与建筑布局有关的还包括室内用水、用电、网络布局，考虑到游览的需要，这 3 项布局可能会脱离建筑而单独实施，特别是无线网络，在农场主要观光点都要配备。

农场各项布局，需要以农场布局图的形式表达出来，道路、水系、建筑、隔离带、保育带要用不同颜色进行清晰展示。

三、农场产业及其支撑服务设施设计

(一)农场产业设计

1. 农场产业设计原则

(1)满足社会需求

社会需求是消费者核心需求的反映，主要是健康食品需求、休闲娱乐需求、家庭发展需求 3 个方面。农场在产业设计时可分层次满足消费者这 3 个方面的需求。健康食品需求要考虑市场特征与生态产品成熟度，有选择地规划设计农场经营的拳头产品。休闲娱乐需求可结合农场优势与消费者需求进行设计的细化，可以将传统的生活方式吸纳进来，如捕鱼、垂钓、采摘、做大锅饭等。家庭发展需求应考虑老年人、中年人和孩子 3 类人群的不同需求。老年人的发展需求是健身、养性，所以农场里要有一些园艺活动；适合中年人的发展类活动包括劳动与音乐项目，如犁、耙使用及牛车驾驶等；孩子的需求是家庭发展需求的重要内容，应根据目标家庭特征进行设计，如农业与汉字、农业与科学、认识与喂养动植物、野外生存技能训练等。

(2)实现错位竞争、相互补充

由于生态农业发展处于起步阶段，同业人员共同开拓市场的合作性非常大。所以，选择农场具体产业、品种、项目时应以错位竞争、相互补充为主，以便及时开拓市场，共同促进新产业的形成。

(3)适应当地自然环境与传统消费习惯

生态农业强调食在当地、食在当季，所以应充分考虑当地的降水、温度、湿度、地形条件后，结合社会需要设计具体的产品。一些非本地区产品或非应季性产品，虽然市场需求大，但病虫害控制成本过高，且口感不佳，并不是生态农场所追求的产品。另外，传统消费习惯是影响市场需求的重要因素，人们对口味与外形的偏好都与传统习惯有关。这是农场选择具体产业、产品时必须考虑的因素。

(4)考虑农场生产与经营管理能力

农场管理者的能力、生产设施水平决定了产业的选择。而主导产业一旦确定，产业之间的关联性又决定了其他产业与产品的选择。

2. 农场产业设计数量与内容

(1)产业数量

主导产业以 1~2 个为佳，总体以 3~5 个为宜。产业过多，农场可能难以管理；产业过少，农场会出现季节性闲置，不仅经济效益下降，还会给农场生态、经营稳定性带来影响。这与西方农场专业化生产方向完全相反。

(2)产业具体类型与内容

①粮食种植　稻、麦、豆、薯、玉米的种植，各地的自然环境都可以选择性发展。而且任何农场都应该基于自给、生态稳定、环境美化的目标，发展一些粮食产业。不同粮食品种可以分季节种植，并考虑机械化种植的必要条件，如机耕路条件、各农场茬口的一致性等。生态农场的粮食产业设计应以质量为首要目标，建议将口粮单产控制在每亩 450 千克左右，同时配套相应的养殖业，实现基本的种养循环。

②蔬菜种植　根据当地需求与传统设计蔬菜种植。对于以 CSA 形式配送的农场，务必保证各类蔬菜齐备，以满足家庭的多样化需求。在一个农场无法满足需求的情况下，可联合多家农场进行供给。虽增加了难度，但可以提高效益并保持生态稳定性。适度发展设施园艺，可提升供给品种的丰裕度。

③水果种植　发展水果产业应传统品种与新品种并存。对于一个以水果种植为主的农场，可以选择以传统品种为主，如草莓、西瓜、桃等，再配合一些较新的品种，以增加吸引力，如蓝莓、网纹瓜等。

④中草药(庭院)栽培　中草药可以作为农场的主导产业，其原因如下：一是中草药药效因为化肥、农药的广泛使用而出现退化现象，需要生态农场给予质量提升；二是中草药

本身具有驱蚊、防虫、治病、美化等功能，可以与生态农场的庭院建设结合，并参与作物病虫害的生态防治；三是中草药是中国传统文化的一部分，发扬优秀传统文化是生态农场发展生态旅游的重要功能之一。

⑤花卉苗木种植　根据市场需求与农场自身特征，可将苗木栽培与隔离带建设结合起来。另外，部分花卉本身就是中药材，也可以与中草药栽培结合起来。

⑥养殖　可以综合考虑养殖草食类、杂食类动物。杂食类动物可以消耗农场的部分生活废弃物与生产副产品，草食类动物可以将农场的各类植物秸秆进行转化。杂食类动物优先选择猪，草食类动物优先选择羊与牛。对于不以养殖业为主的农场，一定要充分综合运用圈养与牧养，并保持好卫生。动物选择还要兼顾休闲观光等服务业需要，向游客提供多样化的动物研学项目。

⑦农产品加工　包括各种腌制品、酿制品、干货。主要在农产品供给超过需求时，将多余的产品进行加工，既避免浪费，又可以实现农场产品供给的多元化，还能形成新的利润点。加工农产品与新鲜农产品一样，都要使用农场的自主品牌。

⑧休闲观光　包括餐饮、住宿、采摘、观光、娱乐等方面。在以采摘为主的农场里，要注意品种搭配，尽量延长采摘的时间，如桃子采摘，只要品种搭配合理，可以从5月延续到11月。

3. 农业产业发展模式

一般生态农场发展模式包括复合种植模式、复合养殖模式、种养结合模式、种养游模式和种养加游模式，根据地理环境、农场规模、专业化程度、农场经营者个人意愿与素质等确定。

(1)复合种植模式

如果周边具有养殖业，循环可以在区域内、城乡内进行，农场可以是单纯种植型的。可以采用间作、套作、轮作发展复合生产，提高复种指数，最终在保证产品质量的同时，提高耕地全年总产量。此模式适合于纯种植业类型的农场，对于刚刚开始起步或缺乏足够种养结合经验的农场主，也较为合适。

(2)复合养殖模式

复合养殖模式是立体养殖，即在同一空间，发展多层次养殖。该模式也需要在一定区域内与种植业结合。如鸭、浅水鱼、深水鱼混养，牛、鱼、蚯蚓立体养殖等。此模式适合于远离城郊适宜发展畜牧业的丘陵山区(可以防止风传疾病)、水乡或北方牧区，也适用于刚刚起步的农场。

(3)种养结合模式

这是在农场内部实现种植业与养殖业相结合的模式，主要目的是形成种养业之间的物质与能量循环，提升产品质量的同时降低物质投入成本，并减少农业废弃物对环境的污染。这是生态农业发展的基本模式，无论是种植农场方向发展还是养殖农场，最终都应该向种养结合农场方向发展。

(4)种养游模式

此处的“游”是指观光、研学、农事体验、农家餐饮、民宿的结合体，为简便起见，简称为“游”。种养游结合可以解决农业劳动力季节性闲置的问题，同时提高农场收入与解决农场产品销售难题。若以“游”为农场主要目标，所有的种植与养殖都应根据“游”进行定位，重新设计产业发展计划。目前许多农庄以休闲农业为主，但忽略了种养业，导致其发展失去有效的农业支撑，出现后劲不足的现象。

(5)种养加游模式

这是日本最近兴起的生态农业模式，在日本被称为第六产业(即1+2+3产业或1×2×3产业)。这里的“加”实际上指的是农产品的初加工，一些风味小吃不仅是科学加工的产物，更是具有农场主个人特色的产品。该模式出现的原因是一部分农产品需要简单加工才可以保存，或者更加美味、更有营养；而农场只有具备了加工能力以后，才会有更稳定的经营，防止产品在供过于求的情况下产生浪费。在种养加游模式中三大产业相加与相乘关系是不一样的。对于相加的三产融合来说，仅仅是三大产业叠加，但三大产业并没有实现真正的相融，不是缺一不可；而对于相乘的三产融合来说，三大产业不仅实现了叠加，更实现了深度融合，即种植与养殖不可分离，种养与旅游不可分离，加工与种养、旅游都不可分离，这其实就是在农场内部实现了真正的三产融合。

(二)农场支撑服务设施设计

1. 相关配套建筑与电力、网络支撑体系

一个完全意义上的生态农场至少应该具备生产、服务两大功能，要实现这些功能需要有相应的建筑，每个农场应该根据农场的定位以及发展阶段有计划地进行功能区建设。生产区承载农场主要的生产功能，生产区建筑主要包括库房、晒场、温室大棚等，这些建筑对生态农场来说是必不可少的，应该在生产开始之前建设完成。服务区也要有相应配套建筑，具体介绍如下：

(1)库房

农用物资的存放，农产品的初级加工、储藏、分拣、包装等环节都需要在具备一定条件的室内环境中完成，因此一个功能齐全的库房是所有生态农场都应该具备的。在库房建造之前要根据农场的产业发展情况大概确定库房的面积和相应的功能间，如农资(种子、肥料、农具等)储存间、保鲜冷冻间、粮食储藏间、农产品包装配送间、农机存放间等。

(2)晒场

粮食作物和油料作物通常需要经过晒干处理，达到安全储藏水平后才能进行储藏，如水稻、小麦、油菜、花生等。虽然目前针对农产品推出的低温烘干设备能够便捷高效地解决农产品的烘干问题，但是设备的购买成本和使用成本很高。有学者专门对烘干设备的效益进行了分析，在作业面积低于120亩的情况下，人工晾晒的成本要低于机械烘干。因此对于生态农场来说，如果需要进行烘干作业的农作物种植面积不是特别大，那么建造一个标准化的晒场是有必要的。另外，好的晒场其实也是一些休闲活动的场所，如打篮球、做游戏等。

(3)温室大棚

温室大棚是现代农业中一项重要的物理设施，它可以防寒保温、调节果蔬的栽培期、延长作物的生长期，并且可以抵抗一些自然灾害。温室大棚一般可以分为日光温室、玻璃温室、塑料温室、塑料大棚等，应用较广的是日光温室和塑料大棚。日光温室也称暖棚，在我国北方地区应用最广，即使在寒冷的冬季，棚内温度也可达到8℃以上，无须加热，仅靠太阳能就能进行果蔬的越冬栽培。塑料大棚在我国南北都有使用，但是在用途上存在区别，北方的塑料大棚主要在春秋季提前或延后栽培使用，而南方的塑料大棚可以用于越冬栽培。

(4)农耕体验馆

农耕体验馆可以给一些需要在室内开展的活动项目提供活动空间，如教小朋友画画、制作手工、做亲子游戏等。其他时候农耕教室也可以作为面向社会开放的生态教育培训的场所。此外，体验馆还可以将我国不同历史时期农耕用具、手工业用具等用复刻的方式进行展览，如犁、耙、耖、水车、风车、石磨等，通过不同时期农业劳动工具的变化，让游客体会到我国古代农业是如何发展进步的，既具有教育意义，又丰富了农场的文化内涵。

(5)生态餐厅

设计一个有特色的餐厅对具有服务功能的生态农场而言是非常必要的，通过提供舒适自然的就餐环境和丰盛美味的生态餐饮能够让消费者对农场留下深刻的印象，对农场营业收入的增加、口碑的提升都有极大帮助。生态餐厅在设计时要摒弃高端、豪华的设计理念，而体现出乡土特色和生态性。

具体来说，在设计时应该立足于当地的地域文化条件，借鉴具有民族特色和地域特色的建筑风格，如徽派建筑、京派建筑、川派建筑等。这些具有特色的建筑在现代已经比较少见，将这些建筑风格运用到餐厅设计中与生态理念相结合可以带给消费者不一样的感受。北京的小毛驴市民农园食堂(图 2-1)的建筑风格类似北京的四合院，内部的布置很有乡村气息，同时可容纳 60 人就餐。更有意思的是，在就餐结束后消费者可以体验用麦麸替代洗洁精来清洁餐具，体现了生态环保的理念，既有创意，也非常实用。

图 2-1　小毛驴市民农园食堂

(6)客房

客房也是生态农场中一项重要的服务性设施。客房在设计时除了要满足基本的住宿需求外，还应该加入一些有特色的设计，给消费者提供不同风格的主题客房，如乡间民宿、集装箱客房、营地帐篷等，让消费者有更多的选择。另外，客房在布局时应该选择向阳、地势平坦、视野开阔的安静地带，让消费者白天能够透过窗户欣赏农场风景，晚上可在静谧的环境中安静入睡。

(7)生态超市

很多消费者在参观农场后，希望能购买一些农场生产的土特产品，作为礼品带回去送给身边的亲戚朋友，生态超市可以满足消费者的这一需求。生态超市一般不独立建造，而是与餐厅或客房布置在一起，这样可以方便消费者购物。例如，小毛驴市民农园食堂的超市就是和餐厅连在一起的，餐厅和超市在空间上统一，功能上有所区分。

(8)生态停车场

由于生态农场多分布在城市的郊区或农村，距离市中心较远，所以多数消费者选择自驾的方式前往农场。当遇到节假日或者农场举办活动时，如果没有一个容量充足的停车场就会给消费者停车造成麻烦，甚至对农场产生不好的印象。

生态停车场建设的原则是自然协调、高绿化、高承载、低碳环保。为了践行这些原则，生态农场在设计停车场时宜采用“小组团、大分散”的布局，不要专门划出一大块区域用于建设停车场，这样非常浪费土地。正确的做法是在农场的各个功能区利用闲置的土地分散建设多个小型的停车场，这样相对来说节省了土地，也会使停车场布局更加合理。在形式上，生态停车场可以采用露天的形式，地面铺设草坪砖，种上草坪草，也可以搭建木质廊架，用藤蔓植物覆盖遮阴。

(9)生态厕所

农场厕所的地位较为重要，采用粪尿分集式生态厕所较为合适。“粪尿分集”顾名思义就是将粪尿分开收集，尿液由储尿桶收集后进行发酵，粪便则直接排到储粪池，每次如厕后用秸秆粉碎物，或者草木灰、锯末、稻壳等进行覆盖，再盖上盖板，可以遮盖异味(图 2-2)。粪尿分集式生态厕所的建造和使用方法详见本章知识拓展。

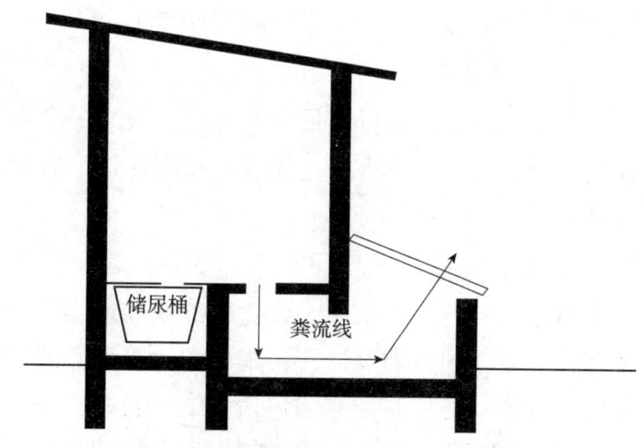

图 2-2 粪尿分集厕所建造原理与建成效果

(10)其他设施

农场电力系统是保障农场日常运营的重要环节，应根据对规划区域的资料分析，如经济、人口数量、气象、水文、地形资料等，以及农场产业的布局、建筑和农业设施的数量与位置等来规划的农场的电力系统。农场电力规划包括生活用电和农业用电，按照规划的功能分布，具体包括员工生活用电、照明用电、电气设备用电、基础设施用电、服务性设施用电、生产用电等。随着信息化的发展，网络也成为农场的基础设施之一。农场的网络分为无线和有线两种，无线网络主要提供给前来参观的游客，有线网络主要用于物联网、监控等。其中无线网络布设可采用室外客户终端接受设备+无线中继器的解决方案，在农场的中心处和四周架设客户终端接受设备，可以实现无线网络的全覆盖，而且省去了布线的麻烦。在农场的主干道路和观光道应设置单侧或双侧的太阳能路灯，每盏路灯间隔 40 米左右为宜，如遇弯道、山路等地形应根据实际情况增设路灯数量。农场的各功能区的建筑旁应设置庭院灯，庭院灯的设置间距在 5~10 米，满足夜间出行照明即可。另外，在农场的观光道、广场等地可适当布置一些草坪等作为点缀，以提升夜间的灯光美化效果。

2. 设施与工具

农场基本设施与工具包括生产、储藏、运输 3 个方面。生产设施与工具包括水泵、输水管、滴灌设备、拖拉机、收割机(要求配有秸秆粉碎设备)、喷雾器、弥雾机以及一些基本除草工具，如镰刀、钉耙、锄头等；储藏设施包括晾晒(晾晒场或烘干机)、储仓等；运输工具则包括冷链运输车、一般运输车等，一般优先选购皮卡车，可人货两用。

四、农场服务系统设计

(一)农场管理体系设计

农场主是农场最高决策人。如果农场规模较小，农场可以不设专门的管理机构，一切事务都由农场主个人完成。但如果农场规模较大或者业务复杂，农场主一个人不足以管理所有业务，农场必须建立起适合的管理体系。农场管理体系可以根据业务类型建立。

1. 生产经理

对于生态农场来说，因生产复杂，必须要有一个专业的生产管理者，可以任命为生产经理或基地经理。生产经理主要负责种植与养殖事务，在规模较大情况下，还要增设种植经理与养殖经理，并聘用相应的专业员工。

2. 营销经理

生态农场销售是目前最大的难题，设立一个专门的营销经理非常有必要。营销经理不仅要完成农场产品销售，还要进行品牌建设、客户维护等工作。在规模较大情况下，可以配备专业人员。

3. 服务业经理或研学经理

对于成熟的生态来说，设立服务业经理或者研学经理是未来趋势。因为农场服务业的专业性，研学项目的设计、实施、沟通等都需要专业人士才可完成。研学经理的主要职能是管理好农场各项服务业，包括研学、餐饮、住宿等。

以上 3 个职位是一个成熟的生态农场的基本支撑架构，各农场可根据自己特色设立或兼职各个岗位，如财务、会计、营销、服务等人员。

(二)农场财务管理体系设计

农场的财务系统非常重要，它提供的信息是判断农场盈利能力，对外融资交流以及获得政府补贴的基本依据。企业应在通用会计准则的基础上，设计一套会计科目与核算方法，以支持农场主导产业的健康发展。小农场的会计人员可以由农场主兼任，规模农场的会计人员应由专业会计人员或由其他人员兼任。

在农场自有资金并不充裕的情况下，必须要保证有稳定的融资渠道。因为农业对流动资金的需求较大，资金链断裂是许多农场中途失败的最根本原因。在项目市场前景有保证的情况下，可以从以下几个渠道获得资金。

1. 商业银行贷款

目前农村商业银行、中国农业银行、中国邮政储蓄银行都负有支持农业的任务，只要项目合理，完全可以向这些机构申请长期贷款。

2. 团队融资

稳定的团队是融资最可靠的来源。部分农场资金链断裂并不是真的没有资金投入，而是团队成员观点不一致，拒绝进一步投资。所以，保证资本投入的根本办法就是有一个可靠的、理念一致的团队。

3. 顾客共享融资

利用新媒体，找到农场的目标顾客，然后通过把农场与消费者共享的方式进行融资。对消费者而言，如果能投入较少而获得稳定、优质的农产品供给，预先投资并不是坏事；同时，由于资金投入不大，且自己具有参与权，消费者在经营团队可靠的情况下，一般愿意率先投资。

值得注意的是，政府补贴是农场控制财务风险的有效力量，但我国目前还没有明确的法律支持生态农场，现有的补贴都是各个地方政府出台的政策性文件所规定的，这些补贴一般是锦上添花，而非雪中送炭，所以不能作为农场资金的支持体系。

投资成功后，降低风险也是必须要注意的，从现有农场的发展经验看，科学规划、分步骤投资、上一些短平快项目都是减少风险的可靠办法。另外，农场风险降低可以考虑多元化业务，这既是农场生态发展的内在需要，也是稳定收入、减少风险的有效办法。虽然政府补贴不宜作为农场资金的主要来源，但可以作为风险控制的一个重要手段。当生态农场建成了政府所支持的项目时，一定要积极申报项目补助，这样既可以增加资金来源，也可有效减少农场资金风险。

（三）营销支撑系统

生态农场生产与营销一样重要。因为人们无法凭借感官将生态农产品与石化农产品进行区分，所以只能通过品牌宣传与体验，让消费者判断出其中的差异，形成稳定的目标顾客群。营销支撑系统可分为以下几个部分。

1. 农场品牌

这是生态农场进行营销的前提，农场在创建之初就应该设计好品牌，并进行注册。注册后的品牌才可以得到法律的保护。品牌设计时要注意名称、标志、定位等设计。

2. 农场营销宣传

营销宣传以品牌为载体，进行环境信息、农场主信息、生产技术信息、产品质量信息、消费信息等宣传。通过信息宣传与提升消费者生态理念，解决信任问题。农场对外公开的农事体验项目也是营销宣传的一个重要方面，既可向消费者提供各类信息，又可增加消费者的信任。

3. 农场渠道

生态农场的产品无法借助现在成熟的主流渠道。因为产品质量差异与信任问题，一旦共用渠道，品牌形象会迅速降低。因此，生态农场的营销渠道一般需要单独建立。现在的渠道一般包括社区支持农业直接配送、农夫市集、专卖店、专业生态超市等。现在全国发展较为成熟的生态农场都采用配送上门的方式，这得益于我国物流产业的迅速发展。而专业的生态超市在我国还没有形成，美国类似的超市有全食等，可供生态农产品市场发展成熟后借鉴。

五、农场发展保障措施

（一）技术保障

生态农业对技术要求较高，农场主的技术一是靠自己不断学习，二是靠与相关技术人员建立有效沟通渠道，三是农场主之间相互学习，形成一个稳定的交流群。我国传统农业的书籍是较为宝贵的资料，可以主动学习，现在的各类微信公众号也会有最新的资料。我国农业技术推广部门有一批专业人员可以提供一定的技术支持，高校与科研院所也有一些教师在开展生态农业管理与技术的研究，这些都是可以寻求支持的渠道。农场主之间的交流与研讨非常重要，因为生态农场的许多问题是独特的，对于一些研究人员来说，它们可能没有一般性的价值，所以必须要靠农场主自己去寻找答案。因此，农场主尤其是相同区域农场主之间的交流就显得非常重要。例如，以草克草的杂草控制方法，各地杂草具有不同的特征，这就需要农场主根据地域特色筛选一些生命力强但又可控的杂草，作为控制其他杂草的手段。

（二）人员保障

农场员工是农场发展的关键。在建设农场时要考虑到是否可以有足够的员工来满足农场的发展。由于农场决策需要快速有效，所以农场的负责人数量不能太多，2~3个合伙人是较为合适的。再根据农场工作需要，雇用一些人员以保障农场生产与营销需要。合伙人需要在农场创建前明确，主要考察理念是否一致；普通员工可从周边村庄中寻找，关键是人品与健康状况。对于人品过硬、具有经验且身体健康的农民要给予具有竞争力的工资待遇，以期长期合作。

随着我国农民的职业化发展，农场主自己与员工都要具有稳定的社会保障，养老、失业、工伤保险都要通过购买城镇居民保险或者农村合作养老与医疗保险予以解决。

（三）组织保障

单个农场在营销、生产各个方面都会有一些困难，因此加入本地的农场主组织，如微信群、协会、合作社都是不错的选择。另外，各地农业行政管理部门都有相应的服务机构，与政府农业管理部门建立联系也是形成组织保障的重要方式。

（四）风险控制

1. 自然风险控制

农场在发展过程中首先遇到的就是各类自然风险，包括旱灾、洪涝、风灾、雪灾等。对于利用大棚生产的农场，冬天的寒冷与雪灾都是经常遇到的风险，必须提前做好预案，确保在灾害发生时得以应对。在规划时要对本地的极端天气进行信息收集，确保农场建设标准能应对极端天气。

2. 市场风险控制

市场风险主要来自国外产品的冲击，所以较为有效的应对策略是建立本地销售系统，发展社区支持农业。对于本地市场产生的风险，可以通过加工的方法予以避免。加入组织也是有效解决市场风险的方式之一。

3. 财务风险控制

控制财务风险，除保证有稳定的融资渠道外，关键要控制好农场建设资金与每年的现金流。只要能控制好农场的现金流，财务风险将不是非常大的问题。从规划开始，确保有一些盈利的项目，是控制财务风险最核心的手段。

(五)农场退出保障

虽然多数农场主在建设农场时可能是将农场作为养老归宿来建设的，但是转让也是一个农场必须要面对的问题。因此，在建设之初就设计好退出的条件以及退出的策略是必要的。从现在来看，如果农场有较好品牌以及本地声誉，转让是一个较为可行的方法。如果农场盈利稳定，且子女有经营的兴趣，完全可以将农场交由子女或其他下一代年轻人经营。如果转让与继承都存在困难，农场主就要提前培养好合伙人，届时交由合伙人继续管理即可。因此，农场在建设之初选好合伙人非常重要。

第二节 生态农场创建

一、生态农场申报

生态农场是新生事物，我国暂时没有专门的生态农场申报与建设制度。农业农村部于2020年发布了《生态农场评价技术规范》(NY/T 3667—2020)，虽然该规范可为生态农场建设提供技术指导，但在生态农场申报与建设方面仍然存在空白。而生态农场因为其特殊的技术体系，规模不宜过大，多在30~200亩，这个规模适合家庭经营，因此生态农场创建可参考家庭农场相关规范。本教材以安徽省家庭农场申报为例，对生态农场申报创建进行解释，其他地区农场申报基本相同，细节性差异可参考当地政府农业部门相关规定。

二、家庭农场标准

(一)农业农村部标准

《农业部办公厅关于开展家庭农场调查工作的通知》对家庭农场提出了7个认定条件：①家庭农场经营者应具有农村户籍。②以家庭成员为主要劳动力，即无常年雇工或常年雇工数量不超过家庭务农人员数量。③以农业收入为主，即农业净收入占家庭农场总收益的80%以上。④经营规模达到一定标准并相对稳定，即从事粮食作物种植的，租期或承包期在5年以上的土地经营面积达到50亩(一年两熟制地区)或100亩(一年一熟制地区)以上；从事经济作物、养殖业或种养结合的，应达到当地县级以上农业部门确定的规模标准。⑤家庭农场经营者应接受过农业技能培训。⑥家庭农场经营活动有比较完整的财务收支记录。⑦对其他农户开展农业生产有示范带动作用。

(二)安徽省示范家庭农场标准

①规模　粮油集中连片规模在200亩以上，设施蔬菜(含瓜果，下同)达到20亩以上，露地蔬菜达到200亩以上。生猪年出栏达到1000头以上，羊年出栏达到500头以上，奶牛年出栏50头以上，家禽年出栏10万羽以上。规模养殖面积达到100亩以上。葡萄、苗木花卉、茶叶等达到100亩以上。山区不小于300亩，丘陵地区不小于200亩，平原区不小于100亩。特种种养业达到100亩以上，种养结合的综合性农场在200亩以上。

②流转时间　土地流转年限在5年以上(以流转合同为准)；林场经营的土地权属清楚、协议完备，土地流转年限不低于20年。

③有与生产经营相适应的厂房、场地和处理日常事务的场所。

④有与生产经营相适应的生产基础及配套设施、农业机械装备，农业生产主要环节基本实现机械化。

⑤按照质量标准和生产技术规程进行生产，生产投入品的采购和使用有详细记录，并建立档案，做到产品质量可追溯，产品销售基本实现订单化。

⑥产品有“三品一标”认证或使用，即达标合格农产品、绿色食品、有机食品及农产品地理标志，拥有自主品牌并注册商标，实行品牌化经营。

⑦运用农业科技知识和信息化手段服务生产全程，提高生产经营水平。

⑧土地产出率、经济效益提升明显，家庭农场年纯收入10万元以上，其成员年人均纯收入高于本县(市、区)农民年均纯收入40%以上；省级示范家庭林场年纯收入高于其他同类农户20%以上，对周边农户具有示范带动效应。

三、登记申报

鼓励符合条件的家庭农场办理工商注册登记，取得相应市场主体资格。家庭农场注册登记指导意见由工商行政主管部门另行制定。

家庭农场的认定须由农业经营者自行申报，申报者应向所在乡镇政府(街道办事处)提出申请。乡镇政府(街道办事处)对照家庭农场认定标准，对申报的家庭农场进行初审，符合条件的报县区农业农村局审核认定。县区农业农村局对申请材料进行审查，对符合标准的家庭农场，由农业行政主管部门颁发家庭农场资格证。获得农业行政主管部门认定批准的家庭农场，应到县级以上工商部门办理工商登记，获得法人资格。家庭农场在取得营业执照后，纳入农业部门统一的服务、扶持和管理范围。

对认定的家庭农场实行动态管理，每两年审定一次。对于提供虚假材料或存在舞弊行为、在经营过程中出现违法行为、发生重大生产安全事故和重大质量安全事故、业主更换没有办理变更手续、流转土地到期没有续签流转协议的家庭农场，将取消家庭农场资格，三年内不得再次申报认定。

四、农场创建

(一)建立团队

在创建农场之前，必须要知道自己是否能成为一名合格的农场主。与在城市创业不同，成为一名农场主首先需要拥有广博的知识与多项能力。首先，与传统观念不同，农场主不仅要了解生态种植、养殖、植保、兽医等农业知识，还要了解营销、财务等管理学知识，此外，健康、营养、传统文化等知识也是应该掌握的。其次，农场主必须要有综合实操能力。与城市企业员工不同，农场主不仅要有广博的知识，更要有各项实战能力，“武”能下地干活，各项劳动技能样样精通；“文”能写方案、拍视频、做直播，营销与生活服务样样精通。最后，农场主要有健康的身体与强大的心理素质。农场主面对的风险与压力远高于一般产业，农业作为弱质产业，不仅有自然风险，还有市场风险，甚至还有人为的社会风险，没有良好身心素质，难以胜任。

除农场主外，经营好一个农场还需要一个相互合作、高效工作的团队。如果农场规模较大、业务较多，必须要有一个团队才可完成各项经营管理任务。生产、营销、财务、研学都要有专人负责。团队合作的效率远高于个人。

(二)整合资源

农场创建不仅需要土地，还需要劳动力、建设用地、资金等资源。根据《中华人民共和国土地管理法》，土地资源属于村民集体所有，只有使用权可以流转；而建设用地更是紧张，地方政府要在工业与农业之间进行平衡，能给予农业的份额相对较少；此外，劳动力、资金也是非常重要的资源。生态农场创业者往往都是年轻大学生、退伍军人，本身并没有积蓄与资源，因此与不同组织和个人合作，才是获得各类重要资源的基本策略。以地方发展规划为基础，将国家财政资金、地方特色资源、劳动力资源进行整合，才能真正成功创建具有竞争力的生态农场。

(三)谋划业务

生态农场业务不能局限于种植与养殖，更应该将加工、研学、餐饮等业务融合到一起，在农场内部实现三产融合发展。业务谋划时充分考虑当地的特色与文化，是保证经营成功的关键因素。

五、生态农场短期计划制订

农场长期规划形成后，为便于操作，可以根据市场需要制订短期计划，这其中包括耕地管理、种植管理、养殖管理、休闲活动等几个具体的计划。计划应具体到日期、人员、工作内容与目标等几个方面。为便于修改，计划可用电子表格完成。一般情况下，农场应根据本农场特征确定各类计划表格，农场耕地管理记录表(表 2-3)、农场种植计划表(表 2-4)、养殖计划表(表 2-5)和农场休闲观光活动表(表 2-6)4 个表格是多数农场都可能用到的。

表 2-3　农场耕地管理记录表(样例)

日期	地点	内容工作	目标	责任人	备注
2月15日	第五块	翻耕、整地，为种植水稻服务	耕深 20 厘米，确保土地平整	张三	可根据天气调整

表 2-4　农场种植计划表(样例)

日期	作物	品种	育种数量	栽培数量	地点	责任人	备注
4月12日	绿叶菜	油白菜	种子 2 两 *	1200 棵	第五块	李四	

耕地管理是农场按期完成种植、养殖的基本前提，包括整地、施肥、沟渠修建、轮作休耕安排等。种植计划是生态农场的核心业务，尤其是以蔬菜种植为主的农场，必须要有完整的蔬菜种植计划。计划设计要保证每个月有足够的品种供给家庭消费，解决因品种过少而导致的消费者流失问题。部分农场在制订计划时，没有考虑到品种搭配与风险的问题，最后导致出现农场无菜可配的局面，这是缺乏有效计划的典型表现，应予以避免。

---

* 1 两 = 50 克。

表 2-5　农场养殖计划表(样例)

日期	种类	品种	育种数量	商品数量	养殖地点	责任人	备注
4 月 20 日	鸭	巢湖小型麻鸭	0	1500 只	育鸭棚与 150 亩有机稻田	王五	用于除草

表 2-6　农场休闲观光活动计划表(样例)

日期	活动类型	活动名称	预备内容	活动组织	活动地点	责任人	备注
5 月 18 日 8:00~17:00	亲子活动	儿童动物饲养	准备好牧草、待喂山羊 10 只、收割镰刀 50 把	由农场小王负责筹备、接待，小李负责收费	农场东侧养殖区与南侧牧草区	赵六	农场 CSA 成员，不对一般顾客开放

农场养殖计划更为重要，必须要有明确的责任人与每天活动安排。另外，养殖计划要与种植计划相协调，保证种养之间的能量与物质循环。

农业休闲与观光计划结合种植、养殖以及季节进行安排。一些特殊的农业节庆要结合种植业收获时间进行安排。

生态厕所设计与建造

粪尿分集式厕所也叫干式厕所、堆肥厕所，其应用在国内外均有历史记载。我国河南巩义市粪尿分流式厕所、安徽界首粪尿分储双罐厕所及清朝宫廷应用的恭桶，其应用方法和现代的粪尿分集式厕所有很多相似之处。

一、建造依据及粪便无害化原理

(一)粪、尿对肠道传染病的不同影响

粪是导致人类肠道传染病的传染源。众所周知，绝大多数的肠道病毒、肠道致病菌、肠道寄生虫及卵是与粪一起排出体外的，粪是传播人类肠道传染病的污染源。肠道传染病的传播方式称为粪口传播，腹泻病如霍乱，致病微生物在每克粪便中可达百亿个。粪便无害化是控制肠道传染病的关键。在正常情况下，尿中含有的微生物在环境中大量存在，且几乎不含有肠道致病微生物。所以，人尿可以直接作为有机肥使用。

(二)粪、尿的不同理化特征

粪、尿的理化特征有很大差别，其正确应用将对人类生存环境的保护起重要作用。粪便的主要成分是未消化的有机物，含有纤维素等大分子物质，须经消解腐熟成腐殖质方可利用。干、热条件利于粪便无害化，在其他相同自然环境条件下，潮湿粪便中的致病微生物比干、热状态下存活时间长。粪便中还有 75%的水分，干燥使水分蒸发，减少了粪污的体积，为污物的减量化创造了条件。

尿液需要在密闭、低温的条件下保存，开放的条件下尿液极易分解，造成肥效丢失。在与粪便混合的情况下，尿液发酵产生恶臭，微生物的存活时间大幅度延长。

(三)肥料应用

每人每年粪便的排泄量为25~50千克，按25千克估算，其中含有氮0.55千克、磷0.18千克、钾0.37千克，是很好的有机肥。

每人每年尿的排泄量为400~500千克，按400千克估算，其中含4千克氮、0.4千克磷、0.9千克钾，远远高于粪便。尿中的氮、磷、钾是以尿素、磷酸盐、钾离子的形式存在，与化肥极为相似，十分有利于植物吸收，并且尿中的重金属浓度比多数化肥低，是理想的速效肥料。

(四)节约水资源、减少污染

传统的水冲式厕所需用30倍以上的水冲洗少量的尿和更少的粪，粪、水混合后，使需要处理的粪污量由500千克增加到15 000千克，粪污处理量的增加，使排放、处理粪污的投资与工作量加大，同时浪费了大量宝贵的、洁净的水资源。

含有大量致病微生物的生活污水排放到河湖之中造成污染，在取用地表水加氯消毒时，又会产生卤代烃类致癌物，造成二次污染；大量施用有机肥，增加了作物吸收量，减少了化肥的使用量，使氮、磷、钾的流失减少，为控制湖泊富营养化、减少农业面源污染创造了条件。

(五)覆盖

覆盖有利于粪便干燥，也是除户厕臭味、减少蚊蝇、改善户厕卫生条件的最佳措施。粪便中的硫化氢、吲哚、粪臭素等与尿中的氨导致厕所的臭味，并引来苍蝇、生蛆等。粪便被吸收臭味的覆盖料覆盖，厕所无臭，也不生蛆、蝇，改变了厕所的卫生环境。

二、设计要求

粪、尿不混合而分别收集，尿不流入储粪池，粪、尿分别处理、分别利用，是设计粪尿分集式生态卫生厕所的基本要求。在掌握了基本的原理后，设计可以有很大的变动，以适应不同的需要。只要坚持粪尿分集(分流)、便后加灰，利用干燥或发酵的原理使粪便无害化，就可因地制宜自行设计完美的粪尿分集式卫生户厕。

三、建筑结构与施工

(一)选址

依地理位置、气候条件、农户(机构)的具体情况与要求，以及方便使用与维护管理等要求来选址。建于室内者，尽量利用房屋原有结构修建，如楼梯转弯处，可建成梯间式厕所；也可建在一楼平房的一角，建一个高60厘米的粪池。若选择的地址能接受阳光日照4~5小时，尽可能建成太阳能式厕所，加快发酵速度。建于室外者，在做好排水的前提下，也可以考虑建在坡地(如海南道银村户厕)，方便粪尿的清运。

(二)基本结构

粪尿分集式生态厕所的建筑结构与其他卫生厕所相同，由维护结构(厕屋)、储粪结构和一个粪尿分流的便器组成。条件允许时可以单修个男士小便池，与尿收集器接通。

(三)便器及蹲位

粪尿分集式便器，分别有粪、尿两个收集口，这是该类厕所的核心部分与技术。

工业制成品蹲便器有3种类型：塑料的(如四川安龙村户厕)、陶瓷的和玻璃钢的。对于室外户厕，寒冷地区尿收集口内径不小于5厘米，潮湿闷热地区尿收集口内径以3厘米为宜；粪收集口(落粪孔)内径16~18厘米。粪收集口平时盖有滑板式盖子，盖子通过一个轴和底座相连，使用时用脚拨开，使用后再用脚推上即可。

蹲间配灰桶、厕纸篓和烟灰缸。如为公厕，可设挂物钩和供孕妇、老人、残障人士使用的扶栏。

(四)存储结构

存储结构可建在地下、半地面或地面上，也可依坡地而建。地下部分的施工是与设计结构相关的。具体包括储粪池、储尿桶、导尿管道系统、排气管、晒板、厕屋与附属结构等。

除要做到厕所外形雅观，厕所布局与周围环境、景观相协调外，为方便人们(特别是初次使用者)的使用，厕所也需要有使用说明、照明灯、洗手池、工具间等设施，并考虑室内外的景观绿化，还可在厕所内外墙上展示建造过程的图片、画作等。

思考题

1. 生态农场水与道路应该如何布局？其内在机理是什么？
2. 生态农场功能分区应该如何设计？一家独立的农场与数家农场结合在一起时，其功能分区有无区别？
3. 生态农场在什么情况下可以不设计隔离带与保育带？
4. 就自己熟悉的区域，设计一个生态农场。

第三章　土地与水资源管理

第一节　土地资源管理

一、土地的含义

广义的土地是地球表面陆地和水面的总称，是一个空间概念，它是由气候、地貌、土壤、水文、岩石、植被等构成的自然历史综合体，并包含人类活动的成果。狭义的土地就是指土壤。土壤是地球上能够生长绿色植物的疏松表层。土壤主要由矿物质、空气、水、有机物构成。地球表面形成1厘米厚的土壤，约需要300年或更长时间。许多荒山、戈壁都有生成土壤的潜在能力，所以都具有生态服务价值。土壤分成以下3层：

(一)表土层

表土层也叫腐殖质淋溶层。该层全部是熟化土壤，又分为耕作层和犁底层。耕作层是受耕作、施肥、灌溉影响最强烈的土壤层，厚度约20厘米。一般疏松多孔，干湿交替频繁，温度变化大，通透性良好，物质转化快，含有效态养分多。作物根系主要集中分布于这一层，占全部根系总量的60%以上。犁底层位于耕作层之下，厚6~8厘米。典型的犁底层很紧实，孔隙度小，大孔隙少，小孔隙多，所以通气性差，透水性不良，结构常呈片状，甚至有明显可见的水平层理。这是经常受耕畜和犁的压力以及通过降水、灌溉使黏粒沉积而形成的。

(二)心土层

心土层又称生土层，是土壤剖面的中层。该层位于表土层与底土层之间，由承受表土淋溶下来的物质形成。通常是指表土层以下至50厘米深度的土层。心土层位于犁底层以下，厚度20~30厘米，该层因受到一定的犁、畜压力的影响而较紧实，但不像犁底层那样紧实。在耕作土壤中，心土层是起保水保肥作用的重要层次，是生长后期供应水肥的主要层次。在这一层中根系的数量占根系总量的20%~30%。

(三)底土层

底土层也叫母质层，是土壤中不受耕作影响、保持母质特点的一层。如成土母质为岩石风化碎屑，则底土层中也往往掺杂这些碎屑物。底土层在心土层以下，一般位于土体表面50~60厘米及以下的深度。此土层受地表气候的影响很小，同时也比较紧实，物质转化较为缓慢，可供利用的营养物质较少，根系分布较少。一般把此层的土壤称为生土或死土。

二、土壤质量

土壤质量一般可依托人体感官与各类仪器进行测定。各类仪器一般测定物理、化学、生物学指标，如 pH 值、电导率、有机质、养分含量等。而养分又可以分为有机碳、全氮、有效磷、锌、钼等。而作为农业管理人员，往往直接依据人体感官去判断土壤质量，主要分为颜色、质地、指示性生物等指标。

(一) 颜色判断

肥沃土壤一般偏黑褐色。若颜色偏浅表明土地有机质较少，耕地较贫瘠。若颜色偏黄、红色，则偏酸性，仅适合部分植物生长。

(二) 质地判断

肥沃土壤一般质地松软，具有明显团状结构，保水、保肥性能好，不易晒干晒硬，且水中多气泡，有夜潮现象。而质地较差土壤往往较为坚硬，板结明显，干旱后容易开裂，且灌水后不易闭合，少气泡，无夜潮现象。部分砂土地漏水严重，不适合种水稻，但较适合种植蔬菜、水果等旱地作物。

(三) 指示性生物判断

肥沃土壤中往往有较多指示性动植物，如蚯蚓、黄鳝、泥鳅、大蚂蟥、藻类、稗等；而贫瘠的土壤中往往有小蚂蟥、大蚂蚁、牛毛毡、三棱草等指示性动植物。

三、土地平整与生态恢复

(一) 土地平整

在一家一户耕种情况下，土地多数高低不平，不宜机耕。所以，农场的土地在正式耕种之前都需要进行平整。但在平整土地时，多数农场未注意对耕作层的保护。正确的做法是将地表 20 厘米左右的耕作层铲到一起，然后对下面的生土层进行平整。待平整完毕，再将耕作层均匀地恢复到地表。虽然这样成本较高，但是可以保证当年农作物能有收获。而如果将耕作层破坏，3 年内农作物产量都会极低，甚至绝产。另外，平整时要考虑灌溉与生态，所以要有一定层次，并非越大越好。同时，农场在平整土地时仍然要保留一定的闲置地，用于生态保育。

(二) 土地生态恢复

在石化农业生产过程中，会产生一些农药与重金属残留，再加上天敌系统几乎全部被农药破坏，好的生态农场土地都要有 3 年左右的生态恢复期。在此期间，整个农场土地要禁止使用任何农药与化学肥料，增加有机肥使用。经过 3 年保护，土壤中的各类残留会减少到国家标准之下，同时农场天敌系统会完成恢复。此时开展生态生产，各类病虫害控制都更为容易。

在土壤恢复过程中，可以重点发挥各类微生物与动物的作用。可以在施用有机肥的基础上选用优质的微生物肥进行补充。除生物有机肥外，还有部分液体有机肥也具有相同的作用。恢复土壤的动物主要是指蚯蚓。蚯蚓具有消化有机物；松耕土壤的作用。蚯蚓砂囊外侧有石灰质腺，可以将食物中的钙离子排到体外，而钙离子可以帮助植物同化土壤中氮元素，促进植物生长。除此之外，蚯蚓粪中还有各类营养元素与微量元素，是非常优质的肥料。一条蚯蚓正常情况下每天可以排出与其体重相等的粪便，所以有蚯蚓的地块，其肥力将远远高于没有蚯蚓的土地。根据现在农场主的实践，常规方法种植的豆类与有机方式种植的相比，铁元素含量仅是有机种植的1/10，而常规方法种植的菠菜，钙含量也只有有机种植的1/2，这与以蚯蚓粪为代表的优质有机肥使用有重要的关系。蚯蚓不仅具有提升土壤肥力的作用，还可以调节土壤中的微生物。土壤表层的是红蚯蚓，主食各类有机质、厨余与树叶；黄褐色蚯蚓居于植物根系之中，而陆正蚯蚓则居于土壤底层。不同类型的蚯蚓都会在摄入有机质时吞入大量的细菌。有些细菌在通过蚯蚓消化道时死亡，而另一部分则会生存下来，形成优势种群。因此，蚯蚓能通过调节土壤细菌种群，减少土壤病害。

四、土地制度

根据《中华人民共和国宪法》与《中华人民共和国土地管理法》(以下简称《土地管理法》)规定，我国农村土地属于农民集体所有。城市、工矿土地属于国家所有。农民集体所有的土地又根据历史与现实情况由乡镇、行政村、村民组织分级所有。一般情况下，农村耕地属于村民小组实际拥有，承包给农民经营。为增强农民预期稳定性，政府将承包期从15年延长到30年，并提前确定两轮承包到期后，土地承包关系不变。由于集体土地实际所有的组织(村民小组)力量过于薄弱，其实际管理归行政村村民委员会。为保证权威，承包经营权证书由县级人民政府统一发放。

五、我国土地现有流转方式

根据《中华人民共和国土地承包法》(以下简称《土地承包法》)，目前我国土地流转方式包括出租、互换、入股、转包，其主要区别如下。

(一)出租

出租是指承包方将土地经营权出租给第三方并收取相应租金的行为，其承包关系不变。

(二)互换

互换是指承包方之间为方便耕作或者各自需要，对属于同一集体经济组织的承包地块进行交换，同时交换相应的土地承包经营权。这是各地“小田变大田”的重要方式之一。

(三)入股

入股是指实行家庭承包方式的承包方之间为发展农业经济，将土地承包经营权作为股权，自愿联合从事农业合作生产经营；其他承包方式的承包方将土地承包经营权量化为股权，入股组成股份公司或者合作社等，从事农业生产经营。

(四)转包

转包是指承包方将部分或全部土地承包经营权以一定期限转给同一集体经济组织的其他农户从事农业生产经营。转包后原土地承包关系不变，原承包方继续履行原土地承包合同规定的权利和义务。接包方按转包时约定的条件对转包方负责。承包方将土地交他人代耕不足一年的除外。

除上述法定方式之外，在实际流转中，地方政府，尤其是村集体经济组织所起作用较大，可以帮助完成村庄的整体流转，如建设田园综合体或大规模农场。此外，近几年因抛荒耕地面积增加，行政村集体经济组织可以将闲置耕地以租赁形式收归集体所有，发展生态种植，实现农业技术升级。

第二节　水资源管理

蒋平阶在《水龙经》中指出，“气者，水之母，水者，气之子”，从哲学高度概括了水的作用。在农场生产生活中，水具有非常重要的作用，值得所有农场经营者重视与运用。

一、水管理目标

（一）满足生产需求

根据产业布局，首先满足生产灌溉需求。水的布局要同时考虑机械化作业方便，在生态隔离与机械通行产生矛盾时，可通过架桥加以解决。此外，如果过度使用深井水，要对井水酸碱度进行监测，以保证土壤不会出现盐碱化。最后，可以利用水体形成切断病虫害、疫病传播的路径。当农场处于石化农业的包围中时，可以利用水对农场进行隔离，也可以利用水对农场内部不同功能区进行分割，从而切断病虫害与疫病的传播途径。

（二）满足生活需求

首先，农场水资源分布应围绕生活区展开，满足生活需求。其次，不断提升水体质量，美化环境，提升生活品质。农场的各类生活污染要通过设置生态水塘进行消解，同时要让农场不同区域的水流动起来，保持水质良好，让水起净化与美化环境的作用。

二、自然水体布局

多数农场会有天然水体，根据具体地形不同，可以将水布局分为 3 类。

（一）自流式布局

对于有天然高低落差的地区，从上游到下游，保证水在农场中的贯通。可以借助天然河流与人工运河实施。其最重要目的就是解决灌溉的问题。同时兼顾排污，形成立体种养格局。该布局以一般丘陵农场为主。

图 3-1　农场水流的游龙式布局——上海多利农业生态园

（二）游龙式布局

以水将农场与周边区域分开，并用水对农场内部进行细分，形成天然分区与景观带（图 3-1）。该布局以平原农场居多，解决农场分区与疫病防控的同时，兼顾农场景观。

（三）点状式布局

根据当地地形，将低洼处加以深挖形成蓄水、灌溉、景观兼用的水塘系统。该布局以山区农场为主，解决蓄水、灌溉、景观、生活等多个方面问题。朴门农法中的山区使用的就是点状式布局。

三、农场水资源质量要求与水设施管理

(一)水资源质量要求

根据相关研究，水体中的硝酸盐、重金属、农残含量对产品品质与人类健康具有显著的影响。因此，生态农场必须对水体的质量进行管理，确保产品品质与消费者健康。根据《农田灌溉水质标准》(GB 5084—2005)与生态农业要求，农场水资源达到地表Ⅱ类水才可保证产品质量。因此农场的各项管理措施，需要把现在广大农区的Ⅲ类水转化成Ⅱ类水。水质评价标准说明如下：

Ⅰ类：主要适用于源头水、国家自然保护区。

Ⅱ类：主要适用于集中式生活饮用水地表水源地一级保护区、珍稀水生生物栖息地、鱼虾类产卵场、仔稚幼鱼的索饵场等。

Ⅲ类：主要适用于集中式生活饮用水地表水源地二级保护区、鱼虾类越冬场、洄游通道、水产养殖区等渔业水域及游泳区。

Ⅳ类：主要适用于一般工业用水区及人体非直接接触的娱乐用水区。

Ⅴ类：主要适用于农业用水区及一般景观要求水域。

(二)水设施管理

1. 生产用水净化设施管理

对于必须要采用地表径流水的农场，可先将农区自然水体引入农场建设的生态河道或生态水沟，通过种植各类水体植物净化多余营养物质。在一系列净化、沉淀后用于农业生产。生态沟建设既是净化水质需要，也是美化环境需要。

2. 滴灌设施管理

农场大棚区蔬菜生产一般使用灌溉设备，其用水要选用清洁水源，同时进行两次过滤，保证管道不会被杂质堵住。

3. 生活污水处理设施

生活污水处理设施一般包括沼气池、化粪池、生态塘，它们各有优缺点。沼气池可以将人粪尿转化成液态有机肥，同时产生生活所需的能源与保鲜材料，不足之处在于沼气产生量随季节变化且沼液利用有一定难度。生态塘相对简单，0.5 亩面积即可，在生态塘中种上各类水生植物，如水葫芦、浮萍、水藻等。如果没有足够的地方挖生态塘，小型的积肥凼也可以在一定程度上替代，可以将生活中的各类有机物放入积肥凼沤肥，最大限度地减少生活污染。

知识拓展

农区水质提升策略

我国绝大多数农区水质已经从过去的Ⅱ类水降为Ⅲ类水，实际上无法达到生态农业的标准。如何将Ⅲ类水提升为Ⅱ类水呢？以安徽省宣城市宣州区朱桥乡一位农民的实践为例，通过清淤、植草、养鱼，即可实现水质提升，能见度达到 1.5 米。农户具体操作步骤如下。

一、清淤

河沟淤泥原本是优质的有机肥，清淤也是农民每年年底必须要做的工作。现在因为农民可以使用更为便捷的肥料，所以这种费时费力的清淤工作自然被放弃。由于淤泥可以向水体持续提供营养元素，所以现在的水体无法在不清淤的情况下实现完全净化。所以，水体质量提升第一项工作就是清淤。巢湖作为我国四大淡水湖之一，其水质一直在Ⅲ类至Ⅳ类之间徘徊，一个很重要的原因就是水底淤泥的营养物质过于丰富，并持续向水体释放，导致巢湖蓝藻无法根治。而一旦清淤完成，水体底部得以净化，只要控制住水体氮、磷等营养元素，水体清澈度会得到快速提升。该农民在年底清塘，面积约 3 亩，花费约 2 万元。再进行灌水，第二年春天整个水塘已经清澈。

二、植草

水体混浊的直接原因是水体营养元素太多且没有水生植物吸收。现在水体中之所以没有水生植物生长是因为水体混浊导致沉水植物没有阳光而无法生长。在清淤后，由于阳光可以照射到水底，所以可以人为种植沉水植物。有了水生植物吸纳，水体中即使有一些营养元素也会及时被水生植物吸收，从而保持水体清澈。清淤后的水体可以种植 3 层水生植物，即沉水植物、浮水植物与挺水植物。此时，水体营养元素多数可以被吸收，水体自我净化能力将会显著增强。

三、养鱼

养鱼可以保持种养平衡。水草生长后，会进行新陈代谢，枯死的水草如果没有及时清理，会将营养元素再次释放到水体中，水体污染仍然无法得以控制。解决的方法是进行养殖，让水生动物吃掉水草。然后再将水生动物，主要是各种鱼类，及时通过捕捞等方式从水体带走，这样就可以将水体营养元素转化成可口的鱼类美食，这也是净化水体的可持续方式。

如果生态农场主想要得到Ⅱ类水体，可以通过上述 3 个步骤实现。需要提醒的是，清淤完成后，就可以及时种下水草，但不要投放鱼苗。因为大多数鱼类都是杂食性的，它们在饥饿时会取食水草，这会使种植的水草无法生长。当水草全部长成后，再适度投放草鱼、鲢、鳙、鲫、鳊以及具有净水作用的螺蛳等，综合净化水体。种养循环形成后，也要及时查看水体，如果水草显著减少，一定要及时减少鱼的密度，保持草-鱼均衡。

思考题

1. 在现有土地制度下，如何有效建立生态农场？
2. 如何获取生态农业发展的优质水资源？如何在农场中布局水系？
3. 认识肥沃的土壤，检测其酸碱度。
4. 考察农场水系布局。

第四章　农资与机械管理

第一节　肥料管理

一、肥料种类

肥料一般划分为3类：第一类是现在广泛使用的化学肥料；第二类是传统农业广泛使用的有机肥料；第三类是生物肥料。化学肥料是指主要用化学方法制成的含有一种或几种营养元素的肥料，分为单一元素肥与复合肥。化学肥料的优点是营养元素含量高、肥效快、成本低、重量轻、施用简单；不足是易淋失、易挥发，导致面源污染并降低农产品质量，且导致雾霾形成(农田排放氨气与工业排放废气在空气中形成的二次气溶胶)。有机肥料主要是指各种有机质(包括动植物残体、粪便等)发酵腐熟后的肥料。有机肥料的优点是肥效长、稳定，可将污染环境的有机质转化成肥料，提高土壤肥力，提升农产品品质，减少环境污染等；不足是体积大，质量重，耗费人力多，看起来比化肥“更脏”。生物肥料是指可以向土壤提供特定功能微生物的肥料。由于长期施用化学肥料，土壤有机质降低，有益微生物数量逐渐减少，土壤板结严重，且失去了将有机物高效转化成肥料的能力。为弥补该缺陷，人们通过定向培养土壤缺少的特种微生物，形成微生物肥料。该类肥料中还可细分出生物有机肥，即拥有一定数量与功能微生物的有机肥。

化学肥料的长期施用已经导致环境污染、土壤板结、农产品品质下降等问题。为解决这些问题，除继续推进化肥技术进步，积极使用控释肥、缓释肥之外，大力推广使用有机肥将成为历史必然。与此同时，起辅助作用的生物肥也将随之发展。为解决有机肥来源少、成本高问题，重建城乡之间的物质循环将成为未来发展趋势。农业肥料发展方向的变革将对新型城乡关系的构建形成一定的影响。

二、肥料分类管理

(一)农场微观管理

由于生态农场优势在于农产品质量，所以生态农场要加大有机肥施用比例。对于可在短期内迅速完成生态转化且有足够有机肥来源的农场，可以直接以有机肥代替化肥，将农场产品质量提升到绿色与有机的标准；对于短期内难以形成生态转化，或即使完成转化但因消费者缺乏健康意识或消费能力而无法顺利销售的农场可以适当减少化肥施用，逐步增加有机肥比例，这样既可保证农场产量，又可培育地力，为以后的转型奠定基础。

(二)政府宏观管理

政府从农业可持续发展角度，努力建立城乡之间的物质循环。首先，将城市垃圾分类，将城镇居民厨余垃圾通过社区堆肥转化成农业有机肥；其次，对污水处理厂进行分类管理，将生活区污水处理厂的污泥在检测安全后，用于商业化有机肥生产，并与相应粮棉主产区对接，完成城乡物质大循环。这既是现代农业发展的需要，也是解决垃圾围城、保护环境的需要。此外，在未来技术条件成熟后，也可以将城市人粪尿收集转化成有机肥，这是保证农业生产系统平衡的重要举措。

三、有机肥作用

(一)为农作物提供更全面的养分

与化肥相比，有机肥具有更全面的营养元素。因为有机肥主要来自人畜粪便以及各种作物残体，所以其所含营养元素比相对单一的化肥要丰富得多。不仅含有作物需要的氮、磷、钾等主要元素，还含有大量微量元素。而这些微量元素不仅影响了作物产量，更决定了农产品的品质与风味，还可减少农作物病虫害。

(二)改良土壤

有机肥中含有大量的腐殖质。腐殖质自身是中空的胶状体，所以具有松化、保温的作用。长期施用化肥的耕地之所以板结，就是土壤中缺乏足够的腐殖质。另外，腐殖质吸水量可达其自身重量的 7 倍，所以大量施用有机肥的土壤具有更强的保水作用，这也是有机农业在干旱年份产量高于常规农业的原因。

有机肥具有净化土壤的功能。由于有机肥可以与一些重金属产生络合物，从而具有吸镉、减铅、固砷的作用，减少重金属对土壤的损害。另外，有机肥中的有机质还可以提高土壤微生物活性，从而分解出更多的营养元素、氨基酸、维生素，提升产品质量，从生产角度减轻消费者隐形饥饿问题。目前隐形饥饿现象较为普遍，全球 1/3 人口与其相伴，我国此类问题也较普通。

(三)提升农产品产量与质量

在有机肥用量充足的条件下，因其提供的养分更全面，农作物生长更健康、产量更稳定、品质更优良。我国农民自古以来就有用饼肥种西瓜的传统，这样种出的西瓜口感更脆、更甜。而一些菜农也会用人畜粪便堆肥与草木灰种菜，不但口感好，而且引发的疾病也会相对较少。此外，最新相关研究表明，植物可以通过吸引大分子氨基酸的方式将有机肥中的氨基酸直接吸收并转化成风味物质，这是食品口感形成的重要基础。

四、有机肥分类

有机肥可以按照来源、生产方法、功能等进行分类。这里按其生产方法进行分类。

(一)堆肥

堆肥就是在一定的温度、湿度、碳氮比条件下，利用微生物发酵作用，将各类有机物(人畜粪便、秸秆、厨余垃圾、动植物残渣等)转化成富含腐殖质有机肥的过程。堆肥若理解为动词，可以分为好氧堆肥与厌氧堆肥两种(沤肥)方法；若理解为名词，则仅代表一种肥料。最新研究表明，植物对有机氮的吸收效率与无机氮相同，甚至更高，这为植物营养学研究拓展了新领域。

（二）绿肥

利用绿色植物本身腐烂所得到的肥料称为绿肥。目前以紫云英、三叶草、苜蓿等为主。在我国许多地方，会在冬天闲置的田中种上紫云英，并在第二年春天将其翻耕入土，成为绿肥。绿肥具有固氮、活钾、储能、保持水土、轮作减病、固肥环保等一系列作用，是传统农业的精华。我国南方的紫云英和北方的苕子都是非常优质的绿肥，且具有一定的杂草控制作用。

（三）饼肥

饼肥指各种农作物种子在被压榨后所得到的油粕，是一种非常优质的有机肥。除茶籽饼、棉籽饼等要经过低温堆腐，豆饼、花生饼、菜籽饼、芝麻饼等可直接使用。但以浸出法炼油的饼不可直接使用。饼肥低温堆制以后，提升作物口感的效果更好。

（四）城镇污水处理厂污泥与农村各类淤泥

我国城镇污水处理厂承担了城镇各类污水处理任务，而污水处理池中的污泥含有大量的氮、磷等营养元素，在控制好重金属含量的情况下，是较为理想的有机肥。但现在因为解决不了重金属问题，其仅是潜在可以使用的有机肥。由于我国城乡物质循环的断裂，城镇生活污水成为一些湖泊、河流的重要污染源；而大量农田却得不到有机肥，只能大量施用化学肥料，不仅损害了土壤，还污染了环境。

农村中水塘、水库、河流、湖泊水底的淤泥原本就是农业中的优质肥料。但在化学肥料的替代下，这些使用成本非常高的肥料逐渐被农民放弃。但是出于淤泥对水质净化的影响，以及淤泥本身的特殊肥效，这些淤泥仍有可作为农业中的优质肥料。通过利用淤泥泵抽取的方式，可以充分利用淤泥，实现肥料供给与水利兴修相结合。

（五）其他

除上述各类有机肥之外，泥炭、褐煤、部分工业废渣、农家土杂肥、沼液、沼渣、经过认证的天然矿物质等，都可成为重要的有机肥，且成本低廉，来源广泛。

五、有机肥制作与质量控制

有机肥根据原材料、目标以及具体发酵方法，可以分为高温堆肥、低温堆肥、沤肥等。高温堆肥是全世界通用的方法，其主要目的是通过高温杀灭原材料中的各种杂草种子、有害病菌，增加肥效、减少病虫草害。低温堆肥主要用于饼肥，一般在温度低于45℃条件下发酵，主要目的是保存氨基酸与肽类物质，提升作物口感与风味。一旦高温发酵，这些物质将分解成氮、磷、钾等营养元素，与普通肥料差异不大，失去了饼肥的价值。沤肥一般是厌氧发酵，而前面的高温堆肥与低温发酵都是有氧发酵。沤肥就是将各类有机物放在水中，隔绝氧气，然后让微生物对其进行分解，得到营养元素，可以通过滴灌等方法使用，方便快捷，特别适用于追肥。各类有机肥制作方法详见本章知识拓展。

有机肥质量控制包括来源控制与过程控制两部分。来源控制包括：牲畜饲料控制，防止饲料中含有重金属；生产环境控制，确保空气、水源中没有污染源。过程控制包括：碳氮比控制，防止氨挥发；雨水控制，防淋失；发酵过程控制，防过度发酵等，尤其是饼肥过度发酵以后，其形成风味物质的氨基酸会消失，不利于饼肥价值的发挥。

第二节 农药管理

一、农药类型

农药是指农业中使用的各种抑制或灭杀有害物的药物与天敌活体，包括杀虫剂、杀菌剂、除草剂等。按制作方法，具体分为以下几类。

①化学农药　指用化学方法合成的农药，多数具有广谱、高效、残留严重等特点，但往往对环境不友好。

②生物农药　指对杂草、病虫害、动物进行防控或灭杀的生物活体、代谢产物或仿生合成物。生物农药根据其来源可分为微生物源、植物源、动物源3类。

③生物化学农药　对源于生物的具有特殊功能物质进行类同合成或结构改造而成的环境友好型农药。

④矿物性农药　以天然矿物初加工后所得农药，其效果与环境影响一般，如波尔多液、硫酸铜等。

在生态农业中，为减少环境污染并恢复生态，一般选择放弃使用化学农药，仅适度使用矿物性农药，而重点使用各类生物农药。

二、化学农药

(一) 化学农药滥用带来的主要问题

1. 降低产品质量

化学农药虽然成本低、效果好，但是多数有残留，显著地降低了产品质量水平。甚至部分产品在化学农药滥用的情况下，会直接导致消费者食物中毒。

2. 污染环境

大量农药在施用后真正起作用的并不多，而是多数进入了水体、空气与土壤，对环境造成了无法估量的负面影响。

3. 影响身体健康

我国政府因为部分农药残留的不可代谢性与高毒性，而逐渐禁止了有机氯、有机磷、百草枯等化学农药。这些农残由于在体内无法代谢，会逐渐累积，造成对身体的重大负面影响。

4. 破坏生态，导致恶性循环

化学农药在施用过程中不仅毒杀了害虫，同时也毒杀了益虫与其他天敌，使生态遭到了严重的破坏。由于生态失衡，部分害虫、杂草对农药抗性越来越严重，为保持产量，农民只能加大农药用量，形成了抗性增强与农药用量增加的恶性循环。这种恶性循环再次降低了产品质量，加剧了环境污染，对人们健康有负面作用。人类用化学农药与害虫、杂草进行斗争，不但没有取得胜利，反而持续处于劣势之中，这表明用化学农药不是一条可持续之路，而解决的办法就是引入生物农药。

(二)减少化学农药使用的对策

1. 保护环境，政府给予生态恢复补贴

在病虫害发展初期，施用化学农药以后会取得非常好的防治效果。但是化学农药在杀死病虫害同时，也会将相应天敌杀死。由于天敌在生态系统中多数具有更高层次的生态位，所以其恢复速度也慢于低层次的病虫害。在天敌减少后，农民为了保证防治效果被迫加大化学农药的使用量。这样导致更多天敌被农药杀死，同时导致病虫害产生抗性。天敌减少与抗性增加只能通过使用更多农药来进行弥补。这个恶性循环的结果就是食品质量下降、环境污染加剧。其解决方法是积极保护环境，恢复生态。根据国内外经验，生态环境恢复一般需要2~3年时间。农民3年时间内不施用化学农药必然导致减产、减收，同时优质的产品未必能卖出高价，因此生产主体不愿采用。要想真正解决此问题，政府必须承担起生态公共产品供给的职能，通过3年生态环境恢复补贴政策的实施，在全国逐步恢复生态，减少直到完全消除化学农药使用。

2. 发展生物农药

在条件成熟的区域或规模较大的农业企业大力推广各类以相生相克为指导理念研发的生物农药，禁止化学农药使用，全面恢复生态。

3. 加大认证宣传力度，鼓励消费者选择健康食品

利用主流媒体，加大宣传力度，让普通消费者知晓绿色、有机农产品的优势，进而带动更多绿色、有机农产品销售，从消费端倒逼生产者减少化学农药使用。

三、生物农药

(一)生物农药分类

1. 微生物源生物农药

微生物源生物农药包括来自微生物的活体、代谢物或仿生合成物。可供作农药使用的微生物包括病毒、支原体、衣原体、细菌、真菌等。其中，苏云金杆菌(Bt)是较为典型的代表。该细菌会同时产生内外毒素，对鳞翅目昆虫具有针对性极强的灭杀作用，但对哺乳动物与人类无害。其起作用的主要是内毒素，直接使昆虫的肠道腐烂(昆虫肠道为碱性而人畜则为酸性)。同时，Bt制剂对草蛉、赤眼蜂、红蜘蛛、瓢虫无毒杀作用。细菌类生物农药在市场上已经有相对成熟的产品，如南京农业大学的“宁盾”等。

病毒也可以作为控制细菌性病害的农药，而且具有独特的作用。噬菌体作为一种特殊的病毒，虽然不如抗生素成本低廉，但也有其独到的地方。首先，噬菌体可以针对性遏制某些超级细菌。由于长期使用抗生素，一些细菌已经产生抗性，成为超级细菌。而一些噬菌体可以作为替代，遏制超级细菌。其次，噬菌体具有更高的针对性，可以保护益生菌。对于一些土壤病害，如果采用全面杀菌的方法，会将对作物有用的益生菌连带杀灭，反而导致新的病害。而噬菌体可以较好地解决这个问题。最后，噬菌体具有高效灭菌的功能。一次投放，自动复制，高效灭菌。相对来说，可以节省更多劳动力。但是，噬菌体在我国仍然处于探索阶段，政府还没有批准真正商用的噬菌体产品。

真菌也是微生物源生物农药的重要来源，以白僵菌和绿僵菌为主。目前商业化较为

成功的是一些人工杂交的真菌，如哈茨木霉菌。其中，白僵菌可寄生 15 目 149 科 700 余种昆虫，对人畜和环境比较安全，害虫一般不易产生抗药性。白僵菌分生孢子在寄主表皮、气孔或消化道上，遇适宜条件开始萌发，生出芽管。同时产生脂肪酶、蛋白酶、几丁质酶溶解昆虫的表皮，由芽管入侵虫体，在虫体内生长繁殖，消耗寄主体内养分，形成大量菌丝和孢子，布满虫体全身。同时产生各种毒素，如白僵素、卵孢白僵菌素和卵孢子素等。受白僵菌侵害致死的虫就是白僵虫。白僵菌制剂对人畜无毒，对作物安全，无残留、无污染，但能感染家蚕幼虫，形成僵蚕病。绿僵菌也是一种昆虫感染真菌，不污染环境，不产生抗性，防治效果较好，其防治面积甚至超过了白僵菌。感染原理同白僵菌，穿透害虫表皮，在虫体内生长，产生毒素，通过孢子感染。其优点是有专一性，对人畜无害。

2. *植物源生物农药*

植物源生物农药是指利用植物资源种植或生产出来的植物活体、提取的活性成分以及按活性成分合成的化合物与衍生物，在传统农业中多称为土农药。其优点是制作简单、无污染、无公害，既防治病虫又增加肥效；缺点是效果差、时效短、成本高。在农场实践中，一些味道较重的大蒜、大葱类、辣椒等植物往往被用作驱避型农药；一些有毒的植物，如毛鱼藤、白花鱼藤、边荚鱼藤等，则用于提取活性物质，喷洒防治；一些生命力特别强的杂草，如紫云英、黑麦草，则用于以草克草，有类似除草剂的作用。

3. *动物源生物农药*

动物源生物农药主要是指利用各类动物活体或其代谢物、提取物制作的农药，主要用于害虫防治。动物源生物农药主体是天敌，也包括从活体中提取的毒素、激素、信息素等。动物源活体农药主要包括赤眼蜂、瓢虫、捕食螨、燕子、蚂蚁等。

(1)赤眼蜂

赤眼蜂是世界上最重要的害虫天敌。体长 0.2～1.0 毫米，体色黄，复眼、单眼皆红色，翅透明。发育需经卵、幼虫、预蛹、蛹、成虫 5 个阶段，前 4 个阶段在寄生卵中完成，对寄生昆虫卵有直接的破坏作用。其寿命与温度相关，一般一个世代 8～15 天。成虫先是将卵产在寄生昆虫的卵内，在温度 25℃、湿度 80% 的条件下开始孵化，并在卵内成长、化蛹、羽化，然后钻出寄生卵。雄蜂出来后就在卵旁边等候雌蜂，产出后进行交配。交配后，雌蜂继续寻找寄生卵注入其卵，羽化后 2 天是其产卵高峰。3～4 天后，成蜂寿命结束。雌蜂若未交配，也可孤雌生殖，但其一般全为雌性或雄性，因此，赤眼蜂繁殖能力较强且非常稳定。赤眼蜂的控制对象包括 10 目 50 科 200 属 400 余种昆虫。赤眼蜂因为优良的害虫控制效果，已经在生态农业较为发达的国家形成产业。我国赤眼蜂在 20 世纪 60 年代就已经形成产业，但随着石化农业的推广，该产业逐步萎缩。而我国生态农业发展之后，在市场需求的拉动之下，以赤眼蜂为代表的各类益生蜂产业正处于逐步恢复与发展之中。

(2)瓢虫

瓢虫属于节肢动物门昆虫纲鞘翅目瓢甲科，目前发现约有 500 属 5000 种，多体型小、体色艳，有多个别称，如红娘、花大姐等。不同的种类有不同的取食对象，有的以植物甚至作物为食，如马铃薯瓢虫、茄二十八星瓢虫；有的以真菌的孢子与菌丝为食，如黄瓢虫、白瓢虫；有的以蚜虫、螨虫、吹绵蚧为食，如七星瓢虫、小艳瓢虫、澳洲瓢虫等。瓢虫一生分为卵、幼虫、蛹和成虫4个时期。以七星瓢虫为例，其成虫一般在小麦、油菜的根部缝隙中过冬，当温度升到10℃以上时，就出来活动，并在蚜虫较多的植物上繁殖，如小麦、棉花等。其卵经过2~4天变成幼虫，开始捕食蚜虫。幼虫9~15天后开始化蛹，蛹经过4~8天转化成成虫。

瓢虫在生态农业发达的国家也已经成为一个产业。可以通过人工饲养的方法大量繁殖瓢虫，也可以冬天收集瓢虫，帮助其越冬，第二年春天再投放用以控制虫害。

(3)捕食螨

螨虫属节肢动物门蛛形纲蜱螨目，其体型微小，数量庞大，多数螨虫仅为0.5毫米左右。其中危害农作物的主要是叶螨(红蜘蛛)，因其织网，又被认为是小蜘蛛。捕食螨是螨虫中的一类，以捕食其他螨虫为生。捕食螨虽然体型较小，但行动相对更为迅速，繁殖能力强，是非常有效的控制叶螨手段。目前我国一些公司培育的捕食螨，如胡瓜钝绥螨、斯氏钝绥螨，可以通过交叉防控解决茶黄螨、蓟马、白粉虱、烟粉虱等害虫，以及由这些害虫引起的病毒病。

(4)鸟类与其他动物

除上述天敌外，农业中重要的天敌还包括各种鸟类与田间动物，如燕子、麻雀、青蛙、螳螂、蜘蛛等。而且天敌系统与区域特征紧密相连，不同区域应该寻找出最合适的天敌，进行培养，形成最合理的动物源农药。

(二)生物农药管理

1. 严格建立生态转换期

在正常情况下，生态农业要有1~3年的转换期。从天敌恢复角度来看，3年左右的时间，一个区域的天敌系统才可能完全恢复。所以，每个农场都应该建立严格的生态转换期。在生态转换期中，严格禁止使用任何化学农药以及制剂式生物农药。这样做的目的是尽快建立天敌系统，让天敌成为最重要的生物农药。

2. 农场规划布局时建立隔离带与保育带

农场规划时应根据周边环境，建立一定比例的保育带。通过保育带对生态系统，特别是天敌的恢复减少化学农药使用。

3. 完善作物的间作、套作、轮作

作物之间的间作、套作、轮作如果安排得当，既有杂草控制作用，也有病虫害控制作用。间作、套作、轮作可使不同作物充分利用土地肥料、水分、阳光，减少了杂草的生长空间，有效减少除草剂使用；间作、套作、轮作可以促进作物相互支撑，保护天敌，减少各类杀虫剂、杀菌剂的使用。

4. 建立种养结合

种养结合首先可以充分利用并控制杂草，减少除草剂使用。如稻鸭共养田，可以利用养殖的鸭子减少80%以上的杂草。种养结合合理安排，可以促进作物通风、增加有机肥，进而减少各类杀虫剂、杀菌剂的使用。

5. 多层次建立天敌保护系统

农场尽量不用任何灭杀性农药，如果在害虫暴发时不得不用，要选择针对性强的农药，减少对天敌的伤害。在农场中适度保留杂草，使其为天敌提供食物以及繁育条件；保护农场生物多样性，对鸟、蛙、捕食性昆虫等都要进行保护，形成多层次、多物种天敌系统。

第三节 种子管理

目前，国外引进品种对我国牧草、花卉等种质市场影响较大，甚至在一些细分市场上占据了主导地位。而我国抗病能力强、口感好的传统种质资源不断减少。在我国消费需求从“吃饱”转向“吃好”阶段，人们需要的不再是国外引进的高产、抗病品种，而是口感更适合我国消费者的传统品种。因此，解决我国种子市场供求失衡是每个生态农场应该重视的问题。

一、农场种子管理基本理念

解决农场种子供求不匹配问题，应该建立科学的种子管理理念。其主要内容如下。

(一) 品种地方化

地方化的种子最适应本地气候，所以可以实现高产、稳产。另外，地方化品种已经与其他物种形成一种特殊的生态关系，进而可以减少病虫害。

(二) 品种优质化

品种的优质不仅体现在对环境的适应性上，产量、质量以及口感也是必须要考虑的因素。对于生态农场来说，我国粮食消费正从“吃饱”转向“吃好”，所以选择品种时应更多考虑口感与品质，更好地满足人们对健康的需求。

(三) 品种多样化

农场种子寻求多样化，而不是单一化。多样化的种子可能引起杂交退化，但可以起到隔断微生物传播的作用，从而减轻农场可能遇到的病虫害。不能因为追求生产效率而忽略农场生态多元化，过度单一化的种子会加剧病虫害。我国水稻稻瘟病最终得到解决并不是依靠特别复杂、高深的方法，反而是简单的品种间作，隔断了致病菌传播。

二、农场种子管理基本方法

(一) 提纯复壮

每类种子都要在相应地块中培育强壮作物，进行提纯、复壮，防止品种在生产过程中退化，优良特性消失。提纯复壮要控制好以下几个环节：一是留壮种，对于病株、弱株一定要去除。二是隔离，留种田周边不要种植类似的植物，以保证不产生杂交退化。三是单独收割，收割机在收割前要清除里面的种子，保证不会产生杂种，必要时通过人工收割保种。四是交流，好的品种要在不同区域进行发展，而不能完全在一个地块长期种植，否则容易产生退化。五是与科研单位合作，通过组培等方式繁育、保护传统品种。

(二)分类保管

各类种子要做好分类保管，可以建立特殊的种子保管仓库。有的种子需要用砂土保存，有的需要避光、通风保存，有的需要防鼠、防潮、防火。总之，农场一定要重视种子保管，投入相应的财力、物力、人力。

(三)做好农场之间的种子交流

由于好的传统品种在不断流失，除专业化种子公司提供的品种外，农场之间也要不断进行优质种子的交流，以取长补短、共同发展。

第四节　农场机械管理

农业机械泛指农业生产在产前、产中、产后多个环节中所使用的机械，大部分农业机械可以视作动力部分和作业部分(农机具)的总称。动力部分包括汽油机、柴油机、电动机等，为作业部分提供动力。作业部分包括旋耕机、播种机、深松机等，直接完成农业生产中的各项作业。

农业机械化是使用机械代替人力、畜力进行农业工作，实现安全、高效的农业生产。农业机械化是现代农业的基石，在提高农业产量、提升作业效率、减少农业损失、降低农业生产成本和改善农业劳动强度等多个方面起重要作用，是推进农业现代化、实现乡村振兴的必要条件。

本节将常见的农业机械分为田间作业类机械、植保类机械、排灌类机械、收割与其他机械，囊括农业生产的产前、产中、产后各个环节，从各类农机的构造、原理、特点和养护出发，对常用的农业机械进行介绍。

一、田间作业类机械

田间作业类机械主要包括土壤耕作类机械和种植类机械。土壤耕作是农业生产产前环节的重要部分，用以疏松土壤，改变土壤的耕层结构和理化特性，起到恢复土壤肥力、防止病虫害的目的。土壤耕作类机械主要包括旋耕机、深松机、开沟起垄机等。种植类机械是按照农业作业要求将作物种子、秧苗等物料播种在土壤内的器械，可实现高精度、高标准化的植物种植，提高种植产量，降低种植过程中种子和秧苗的损伤。种植类机械主要包括播种机和插秧机。田间作业环境复杂，对农业机械的稳定性、耐久性、安全性都有较高的要求。

(一)旋耕机

1. 旋耕机的特点

旋耕机全称为旋转耕耘机，一般与拖拉机配套完成耕、耙作业，其特点是碎土能力强，耕后土地平整细碎，可以起到打破犁底层，恢复土壤耕层结构，改善土壤墒情的作用。缺点是耕层浅、翻盖能力弱。

2. 旋耕机的构造及工作原理

旋耕机按照刀轴的配置方式可分为横轴式、立轴式和斜置式。除刀轴外，旋耕机的主要构成部分还包括刀片、传动装置、罩壳、齿轮箱等。如图 4-1 所示的旋耕机，刀片焊接在刀轴上，刀轴两侧与左支臂和右支臂相连。工作时，刀片随着刀轴旋转做回转运动，同时也随拖拉机向前运动。刀片切下并上抛土块，土块撞击罩壳后进一步碎化并回落至地表，随着拖拉机前进，不断对地表进行耕耙。

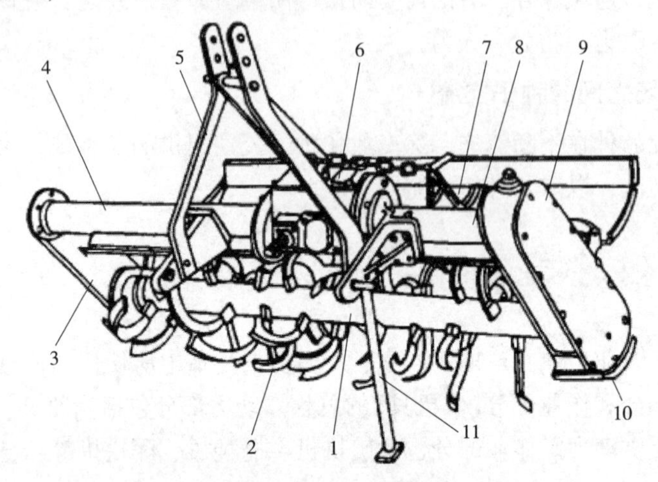

图 4-1 旋耕机的构造(李宝筏，2003)

1. 刀轴；2. 刀片；3. 右支臂；4. 右主梁；5. 悬挂架；6. 齿轮箱；7. 罩壳；
8. 左主梁；9. 传动箱；10. 防磨板；11. 撑杆

3. 旋耕机的养护

每次使用旋耕机后应进行日常养护，主要的工作包括：拧紧各部分连接的螺丝；清除刀轴、机罩上的泥土；检查齿轮箱和链轮油箱油量。

每个耕作季度作业完成后，应对旋耕机进行季度保养。主要工作包括：清除刀轴和刀片上的泥土、缠草；更换齿轮油；检查轴承的磨损程度，视情况更换；拆下刀片清洗矫正，并涂以黄油保存。

长期存放旋耕机不用时，需要注意以下几点：检查旋耕机外观，在掉漆、破损处进行补漆，防止腐蚀；长期停放时，应该卸下旋耕机，不得悬挂在拖拉机上；露天存放时，要选择高处进行停放，避免积水腐蚀机器，同时对刀片进行防锈保养。

(二)深松机

1. 深松机的特点

深松机一般用于深层土壤的全方位机械化翻整，可以破坏犁底层，加深耕作深度，增加土壤透气透水能力，改善植物根系生长环境，一般用于耕作层以下 5~15cm 处，深松机包括深松犁和层耕犁两种。

2. 深松机的构造及工作原理

深松犁的构造如图 4-2 所示，主要由机架、深松铲及限深轮组成。深松犁的主要工作部件是深松铲，与机架直接相连，由拖拉机带动向前做犁地作业。深松铲与机架经安全销连接，在遇到大石块等坚硬障碍物时剪断安全销，保护深松铲。

层耕犁的构造如图 4-3 所示，主要由主犁体和松土铲组成。主犁体在上层正常耕层翻土，安装在下方的深松铲松动下方土层，实现上翻下送、不乱土层的深耕要求。

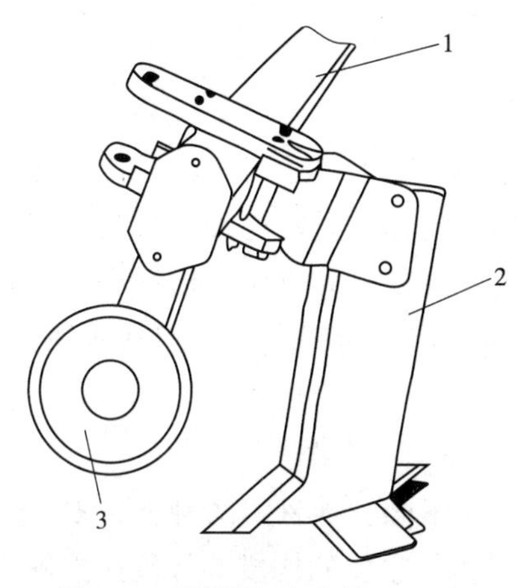

图 4-2　深松犁(李宝筏，2003)

1. 机架；2. 深松铲；3. 限深轮

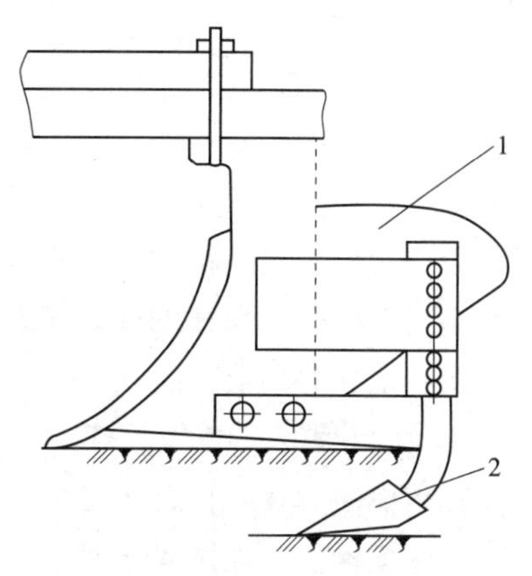

图 4-3　层耕犁(李宝筏，2003)

1. 主犁体；2. 松土铲

3. 深松机的养护

每次使用深松机后应进行日常养护，主要的工作包括：每次作业后，清除机具上的杂草和黏土，保持机具整洁；保持转动关节润滑，向转动部件加注润滑油；检查螺丝部件稳固；检查深松铲磨损程度。每个耕作季度结束后，应对深松机进行保养维护，主要的工作包括：清理机具和犁上的缠草、污泥，防止生锈；检查刀具的磨损情况，视情况更换；在工作部分的表面涂以废机油或黄油，防止腐蚀；将机器存放在雨棚或用雨布盖好，防止生锈和电路损坏。

(三)开沟起垄机

1. 开沟起垄机的特点

开沟机可以在耕地上形成均匀的沟槽，起垄机可以在耕地上形成条形土堆，也就是垄。在垄上或沟内种植都是为了给农作物生长提供良好环境，垄上通风透光、抗涝防水；沟内抗旱保墒、保温防风。应根据耕地所在位置的气候、土地情况及作物特性选择适宜的种植方式。在开沟起垄作业中，应力求开沟直、深度一致、垄形规整。

2. 开沟起垄机的构造及工作原理

开沟机的种类繁多，可以分为滚动式与移动式。滚动式开沟机可分为双圆盘和单圆盘；移动式开沟机可分为钝角类和锐角类，钝角类包括锄式、铲式、箭铲式等。在此不对各类开沟机的构造进行赘述。总而言之，滚动式开沟机通过一个或两个并列向前旋转的金属圆盘切开土壤沟槽，而移动式开沟机与动力机械连接，随动力机械向前运动，依靠铲尖部位划破泥土。起垄机的主要工作部件起垄犁铧如图 4-4 所示，由立轴、三角犁铧、分土板等组成，原理是由三角犁铧将土铲起，然后由分土板将土分至两侧起垄。

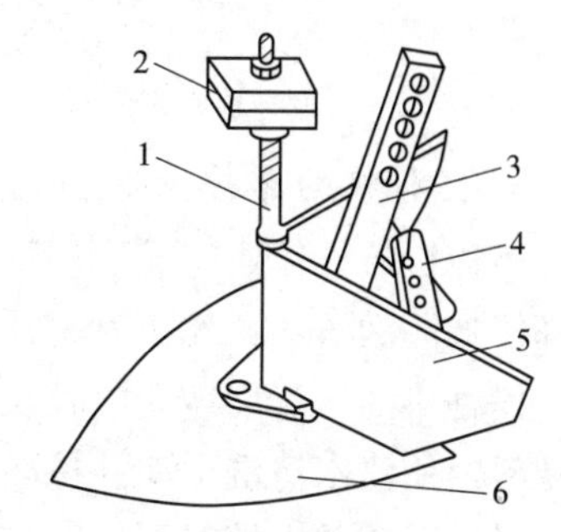

图 4-4　起垄犁铧(耿端阳，2011)

1. 立轴；2. 卡板；3. 铧柄；4. 联结板；5. 分土板；6. 三角犁铧

(四)播种机

1. 播种机的特点

播种是农业生产中的重要环节，必须根据农业技术要求完成，从而使作物秧苗齐壮，获得良好的生长条件。常用的播种方式有条播、撒播、穴播、紧密播种，与之对应，播种机也可分为条播机、撒播机、穴播机等。按排种器类型可以分为机械式播种机、气力式播种机和离心式播种机。现在的联合播种机的作业项目不局限于播种，还包括耕地、施肥、铺膜、深松、整地等作业。

2. 播种机的构造及工作原理

因播种机播撒方式、播种盘类型、联合作业等方式不同，播种机的种类繁多，此处仅列举一种施肥条播机。如图 4-5 所示的谷物施肥条播机，主要的构成部分包括排种器、排肥器、种肥箱、开沟器、覆土器等。播种机由拖拉机拖拽前行时，开沟器开出种沟，种肥箱内种子和肥料随输种肥管匀速流至种沟内，随后覆土器完成对种肥的覆土。一些排种机还带有镇压轮，确保种子上方覆土被压实。

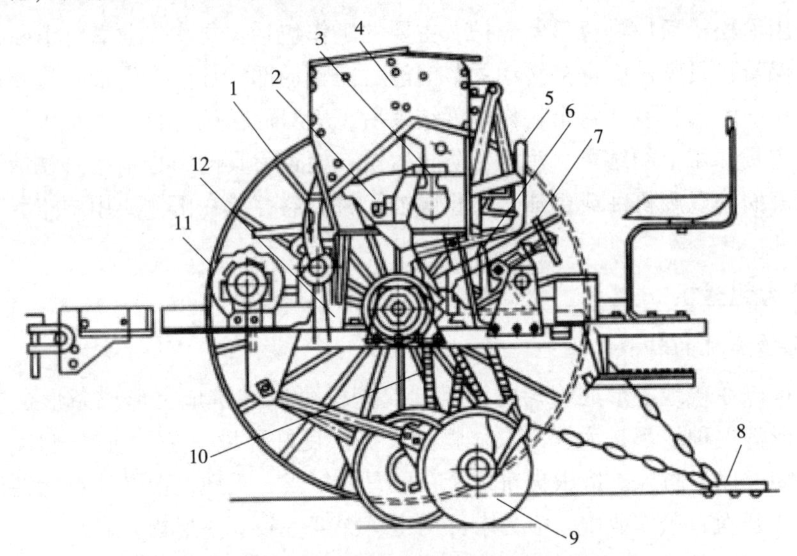

图 4-5　谷物施肥条播机总体结构(李宝筏，2003)

1. 地轮；2. 排种器；3. 排肥器；4. 种肥箱；5. 自动离合器操纵杆；6. 起落机构；7. 播深调节机构；8. 覆土器；9. 开沟器；10. 输种肥管；11. 传动机构；12. 机架

3. 播种机的养护

播种机每日作业完成后的日常保养包括：清理机身上的泥土、杂物等；为播种机各润滑部位加注润滑油；停机时将播种机落下并放平；检查连接处的连接情况。

播种机的作业周期间隔较长，每次播种季节结束后存放应注意：清除种肥箱内的种子和肥料，用清水清洗干净并擦净；播种机机身各部位均需要清除干净；检查机身各部分零件变形情况，并视情况更换；将触土部分(如开沟器)清理干净后，涂上黄油或废机油，以免生锈。

(五)插秧机

1. 插秧机的特点

插秧机主要指水稻插秧机，水稻移栽费时费力，作业效率低，一般使用机械作业，水稻插秧机的作业可以保证株距、插深的合格率，同时提升作业效率，降低人力消耗。

2. 插秧机的构造及工作原理

插秧机可分为乘坐式或手扶式，但是都可以视为由动力机械和作业机构两部分组成，由动力机械带动作业机构向前行进并进行插秧，这里主要讲解作业机构原理。

作业机构主要包括分插机构、送秧机构、机架、秧船等。

分插机构的结构如图 4-6 所示，主要组成部分有摇杆、推秧弹簧、秧爪等。工作时，秧爪先进入秧箱取秧，再深入地面插秧，最后离开地面，回到初始状态。根据整个插秧的过程，可以分为分秧、运秧、插秧、出土、回程 4 个状态。

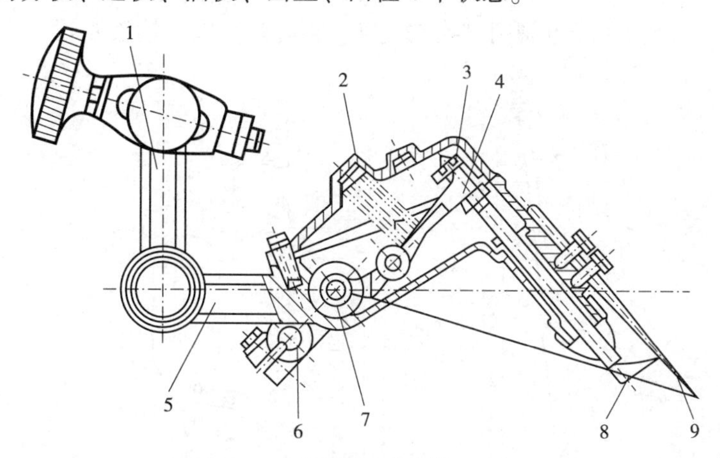

图 4-6　分插机构(李宝筏，2003)

1. 摇杆；2. 推秧弹簧；3. 栽植臂盖；4. 拨叉；5. 秧爪；6. 推秧器；7. 凸轮；8. 曲柄；9. 栽植臂

送秧机构指的是把秧苗定时送向秧爪的机构，一般由横向送秧机构和纵向送秧机构组成。

此外，机架用于支撑插秧机的各个部位，秧船用于整平地面。

3. 插秧机的养护

插秧机的日常作业养护包括：作业后用水冲洗设备，清除设备上的泥土、缠草，然后擦干水；检查燃油及润滑油并补充。

插秧机长期不使用时的保存应注意：需要润滑部分充分注油；完全放出燃油箱内的汽油；往火花塞孔内注入新机油 20 毫升左右，将启动器拉 10 圈左右，防止气缸和气门生锈；对插秧部分抹油以防止生锈；插植叉应放在最下面位置保管，以延长压出弹簧寿命。

二、植保类机械

作物在生长过程中，需要进行除草、松土、灌溉、培土、病虫害防治等作业，统称为田间管理作业。田间管理作业的主要目的是及时防治和控制病虫害、杂草、动物等对作物的侵害，通过松土减少土壤板结，保证作物的正常生长，提升作物产量。

(一)喷雾机

1. 喷雾机的特点

喷雾机是一种常见的植保机，通过对药液施加一定的压力，将药液雾化成细小的雾滴喷洒在农作物上。喷雾机需要做到雾滴大小适宜、分布均匀、雾滴浓度一致、设备不易被药液腐蚀。喷雾机根据驱动形式可以分为人力式喷雾机和动力式喷雾机两类。人力式喷雾机，顾名思义是人工操作喷洒的一种设备，其操作简单，易于制造和维护。动力式喷雾机则是利用电动机或内燃机作为动力，利用喷洒部件将农药喷洒到作物上的设备，其工作宽幅大，生产效率高。

2. 喷雾机的构造及工作原理

如图 4-7 所示的手动喷雾机中应用最为广泛的液泵式喷雾机为例，其主要构成部分由开关、药液箱、活塞泵、喷杆等组成。工作时，操作人员将设备背负在背后，通过手压杆带动活塞运动，药液受压经过阀门进入空气室，再经过水阀、输液胶管、喷头喷出。

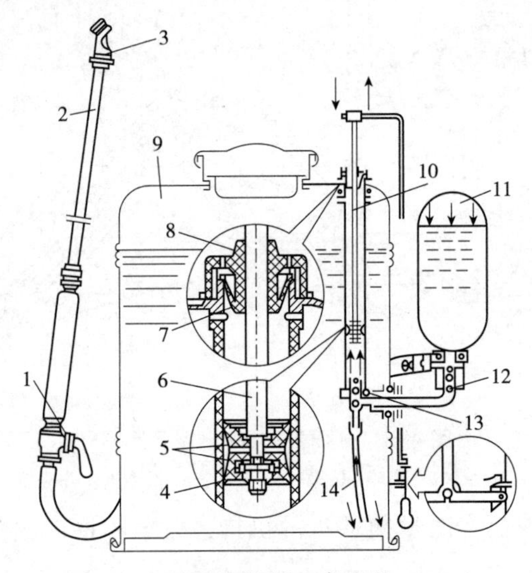

图 4-7　液泵式喷雾机(高连兴，2000)

1. 开关；2. 喷杆；3. 喷头；4. 固定螺母；5. 皮碗；6. 塞杆；7. 毡圈；8. 泵盖；
9. 药液箱；10. 泵筒；11. 空气室；12. 出水单相阀；13. 进水单向阀；14. 吸水管

3. 喷雾机的养护

手动喷雾机的使用和养护需要注意以下几点：根据作物品种和药液的种类选择合适的喷头；皮碗必须经常加适量的机油，保持工作性能；防止草渣杂物堵塞喷雾器，喷药前要试喷，视情况清洗喷头；使用完毕导出残余药液并清洗，防止腐蚀。

(二)航空植保设备

1. 航空植保设备的特点

传统的航空植保机械主要指农用飞机，一般为有人驾驶的单翼或双翼小型飞机，具有上升性能好、飞行速度慢、视野好等特点。近年来，旋翼植保无人机也得到了广泛应用。但是究其原理，都是通过搭载种箱、肥箱、药液箱从空中向地面播撒，完成播种、施肥、打药等工作。

2. 农用小型飞机的构造及工作原理

以图 4-8 所示的搭载在小型飞机上的喷雾装置为例，其主要构成部分包括加液口、药液箱、喷射部件、液泵等。工作时，飞行人员可以通过操作手柄选择喷洒药液、搅拌药液、停止喷洒。同理，播种装置、喷粉装置、播肥装置也可以安装在小型农用飞机上。

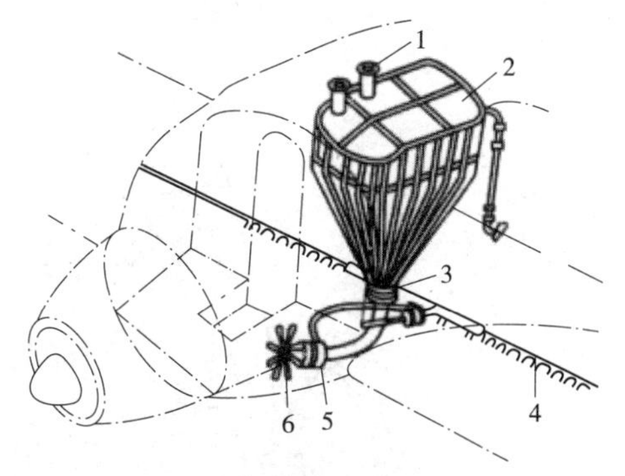

图 4-8　喷雾装置(耿端阳，2011)

1. 加液口；2. 药液箱；3. 出液口；4. 喷射部件；5. 液泵；6. 小螺旋桨

3. 多旋翼植保无人机的构造及工作原理

多旋翼植保无人机通过电动机驱动螺旋桨产生升力，通过调节升力与自身重力的比例改变上升、下降或悬停状态，通过改变多个旋翼之间的功率分配实现方向的控制。多旋翼无人机的硬件设备主要包括动力系统、飞控系统和喷洒系统。动力系统包括电池、旋翼、电调、电机等，为无人机提供飞行动力；飞控系统是无人机的“大脑”，主要包括传感器、控制单元等，负责感知无人机工作环境，并为起飞、飞行、路径规划、执行任务、返程等多个工作环节提供控制与决策；喷洒系统主要包括药箱、喷嘴等，负责药物喷洒。

(三) 中耕机

1. 中耕机的特点

在作业生长过程中，需要进行松土、除草、培土等作业，保证地表输送、消灭杂草、增加土壤透气性，利于作物生长。在不同植物生长的不同周期，中耕作业的项目和要求也各有不同，有时偏重松土，有时偏重除草。中耕作业要求在不伤害作物的情况下除草干净、表土松碎、不乱土层、深浅一致。

2. 中耕机的构造及工作原理

现代中耕机主要以拖拉机牵引中耕机的形式出现，根据中耕机和拖拉机的连接方式可分为牵引式、悬挂式和直连式。中耕机的主要工作部件包括除草铲、松土铲和培土铲，工作部件均安装在机架上，根据其形状、位置的不同，起到不同的作业效果。如图 4-9 所示的播种中耕机，带载了单翼铲和双翼铲，单翼铲的工作深度一般不超过 6 厘米，可以同时起到除草和松土的作用。双翼铲工作深度为 8~12 厘米，除草能力强而松土能力弱，两者经常搭配使用。

3. 中耕机的养护

中耕机完成每日作业后需要进行日常养护，包括：清理触土部分的泥土、杂草；在关节部分涂抹机油；注意触土部分的形变和腐蚀情况，视情况更换维修。当中耕机的阶段性作业任务完成后，需要进行以下养护：全面彻底地清理机械上的污泥、杂草；对触土部分进行清洗，涂以黄油或废机油；清空油箱、机油箱；将中耕机停在干燥、安全的位置。

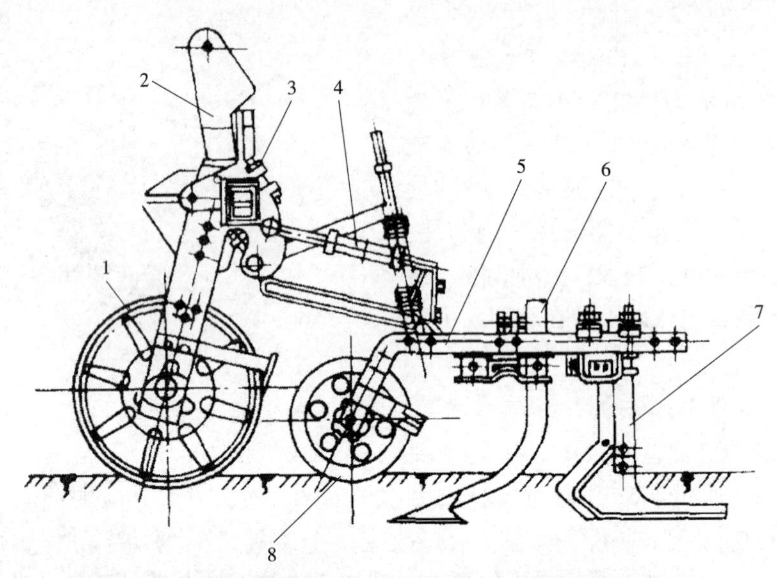

图 4-9　2BZ-4/6 型播种中耕通用机中耕状态（高连兴，2000）

1. 地轮；2. 悬挂架；3. 方梁；4. 平行四连杆仿形结构；5. 仿形轮纵梁；6. 双翼铲；7. 单翼铲；8. 仿形轮

三、灌溉类机械

在水资源日益紧缺的大环境下，灌溉机械已成为农业机械化的重要组成部分。灌溉系统一般通过水泵抽水，经管道输送至田间，再经排灌设备灌入田中，根据灌溉过程汇总所用的节水技术不同，可以分为喷灌系统、滴灌系统、微喷系统等。

（一）喷灌系统

1. 喷灌的特点

喷灌是通过有一定压力的喷头，将水挤压至水滴状态再喷射至空中并洒落到地面上的灌溉手段。喷灌可以提高农作物产量，并且相比地面灌溉，可节省30%~50%的灌溉用水，同时喷灌受地形的限制较小。喷灌系统的缺点是受风的影响大，3 级风以上需要停止喷灌，同时水分在空中和地表蒸发损失大，特别是干旱地区。

2. 喷灌系统的构造及工作原理

喷头按照其运动方式可以分为摇臂式和旋转式，这里主要介绍摇臂式喷头的构造及原理。如图 4-10 所示的摇臂式喷头的主要组成部分包括喷体、转向机构、密封装置和转动机构等。工作时，压力水由喷嘴喷出时先冲击挡水板，使摇臂获得一个使其逆时针旋转的力，形成转动。如需对特定的扇形区域进行喷灌，则需设置好限位环，当喷体转动至换向器上的拨杆碰到限位环时，拨杆拨动换向弹簧，使喷体获得反向旋转的力。

3. 喷灌系统的养护

定期检查喷头各活动部件，保持各部件灵活自如；检查喷嘴是否堵塞，喷嘴损坏会导致水流的雾化效果；此外，还应检查导流板是否损坏。

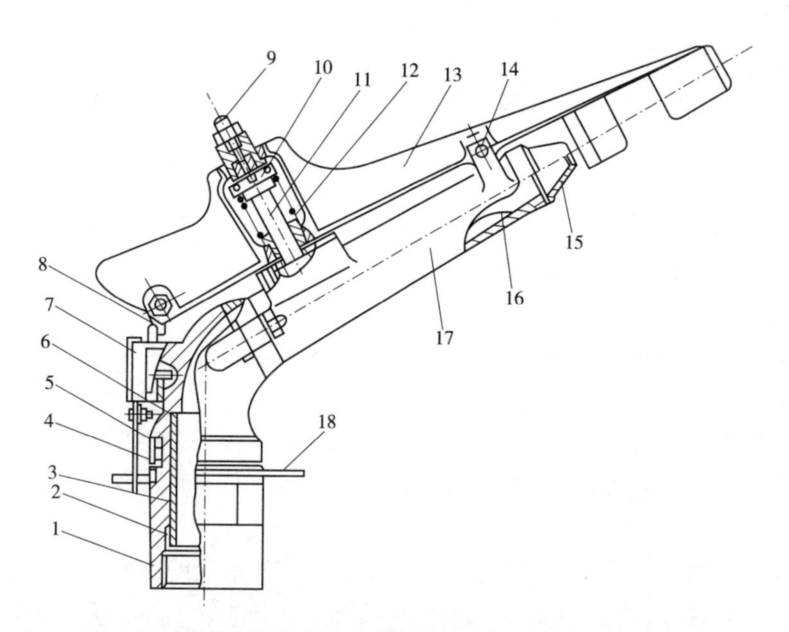

图 4-10 单嘴带转向机构的摇臂式喷头结构(高连兴，2000)

1. 空心轴套；2. 减磨密封圈；3. 空心轴；4. 防沙弹簧；5. 弹簧罩；6. 喷体；7. 换向器；8. 反转钩；9. 摇调位螺钉；10. 弹簧座；11. 摇臂轴；12. 臂弹簧；13. 摇臂；14. 打击块；15. 喷嘴；16. 稳流器；17. 喷管；18. 限位环

(二)滴灌系统

1. 滴灌的特点

滴灌技术是利用塑料管道将水通过极小的孔口或喷头直接输送到植物根系部位土壤的灌溉方式，可以实现局部灌溉，防止了灌溉过程中水在空气和土壤表面的消耗，是干旱缺水地区最有效的节水灌溉方式，可以实现95%以上的水利用率。缺点是滴头容易堵塞、结垢，需要对水源进行严格过滤。

2. 滴灌系统的构造及工作原理

滴灌系统一般由水源工程、控制首部、输配水管及灌水器四部分组成(图 4-11)。地下水、清洁水或泉水等经过首部枢纽的水泵、过滤器、控制设备等，定时定量输入水管。水管内的灌水经过干管、支管、毛管进入每个灌水器，进一步进入作物根系周围土壤。

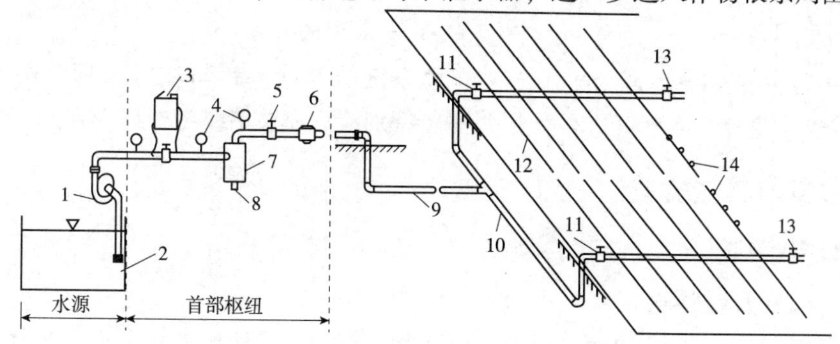

图 4-11 滴灌系统示意图(高连兴，2000)

1. 水泵；2. 蓄水池；3. 施肥罐；4. 压力表；5. 控制阀；6. 水表；7. 过滤器；8. 排砂阀；9. 干管；10. 分干管；11. 球阀；12. 毛管；13. 放空阀；14. 滴头

3. 滴灌系统的养护

滴灌系统的正常运行建立在合理的维护管理上，对于滴灌系统的各个组成部分，都需要进行适当的保养维护。

(1) 水源工程

对蓄水池沉淀的泥沙进行定期清除，如用蓄水池或人工湖作为水源，需定时加入明矾防止藻类滋生；非灌溉季节需要对蓄水池进行全面检修维护。

(2) 过滤器

出现污物堵塞过滤器时，先用水自动冲洗，如果不能解决，需要拆下过滤器用刷子刷洗并冲洗干净。

(3) 管道系统

滴灌季节结束后，应将管道洗净并收入阴凉处，防止暴晒产生裂变。

(4) 滴头

滴头的养护主要是防止滴头堵塞，滴头堵塞也是滴灌系统的主要问题。可以使用加氯处理法，加氯可以破坏藻类、真菌、细菌的生活环境，并和铁、锰、硫等形成不溶于水的物质，提前过滤。

(三) 微喷系统

1. 微喷的特点

微喷又称雾滴喷灌，是以低压小流量的方式将灌水雾化并喷洒至空中，再落在作物或土壤上进行灌溉的方式。微喷与喷灌的灌溉形式相似，区别是由于压力差异，微喷的射程短，一般在 5 米以内。同时微喷洒水的雾化程度高，不会伤害幼苗，也较为省水。

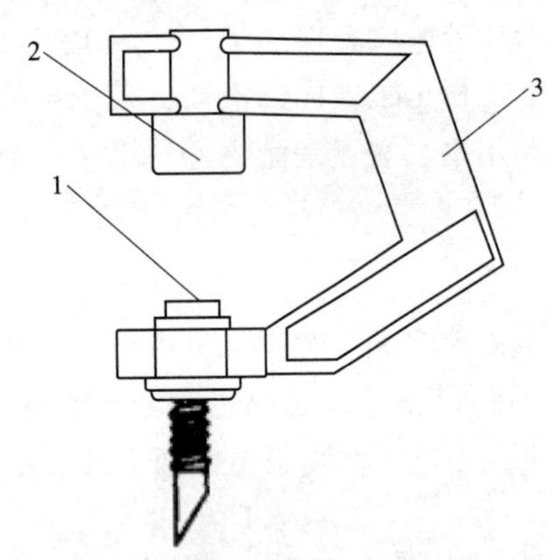

图 4-12 折射式微喷头(高连兴，2000)
1. 喷嘴；2. 折射锥；3. 支架

2. 微喷系统的构造及工作原理

微喷系统的工作核心是喷头，微喷头根据其构造和原理可分为折射式、离心式、射流式和缝隙式。如图 4-12 所示的折射式微喷头，主要由喷嘴、折射锥、支架构成。工作时，微喷嘴喷出的水柱撞击被分割的水面，破碎成微小的水滴并洒入空间。

3. 微喷系统的养护

微喷系统的养护流程与注意事项和喷灌系统相似，但要特别注意喷头堵塞的处理，在此不做赘述。

四、收割与其他机械

(一) 谷物收割机

1. 谷物收割机的特点

谷物收割机是水稻、小麦收获时节，将作物茎秆切断并按照要求铺放的器械。收割后的作物茎秆应便于人工捆扎。按照收割机工作部分和动力部分的连接方式，可以分为牵引式、悬挂式和自走式，其中以悬挂式的使用最为普遍。

2. 谷物收割机的构造及工作原理

谷物收割机的主要工作结构是收割台，收割台包括立式收割台和卧式收割台，这里主要以立式割收台为例进行介绍。如图 4-13 所示的立式收割台，其主要构成部分包括切割器、拨禾轮、分禾器、转向阀、输送带等。工作时，位于前方的切割器切断谷物茎秆，被切断的谷物向后倒在后挡板上，被与后挡板邻近的输送带输送到两边铺放。

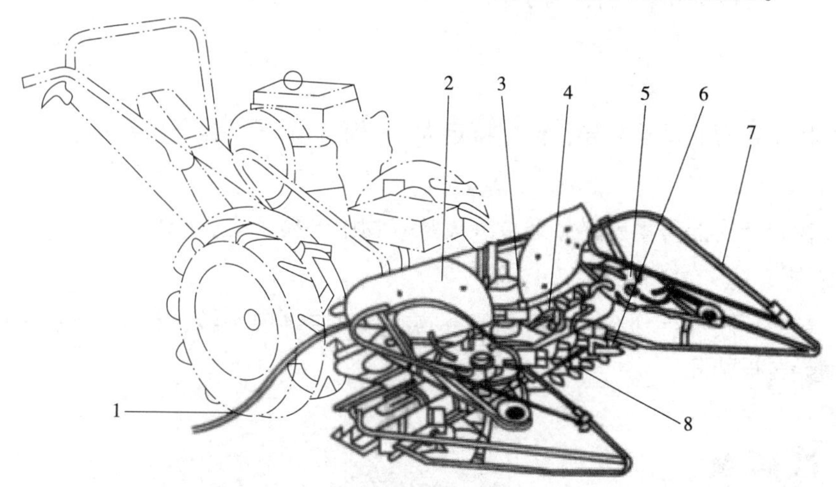

图 4-13 立式收割台(李宝筏，2003)

1. 铺禾杆；2. 后挡板；3. 转向阀；4. 上输送带；5. 拨禾轮；6. 切割器；7. 分禾器；8. 输送带

3. 谷物收割机的养护

每次作业后，收割机应进行如下养护：检查传送带的松紧程度；清除工作部分的污泥；在连接处加注润滑油。

若长期停放谷物收割机，应该注意：对机具进行整体的清洁、补漆；拆下各种传动部件；寻找阴凉、地势较高地方停靠，最好停靠在室内。

(二)谷物干燥机

1. 谷物干燥机的特点

为保持谷物储藏时水分在安全储藏水分范围内，需要经过自然或人工手段进行干燥，传统的谷物干燥方式包括通风、晾晒等。在谷物晾晒期间如遇阴雨天气，往往造成较大的经济损失，所以谷物干燥机的应用尤为重要。谷物干燥机可以分为仓式干燥机、平床干燥机、循环干燥机、连续干燥机等类型。

2. 谷物干燥机的构造及工作原理

以较为常见的仓式干燥机来说，其主要构成部分包括风机、热源、抛撒器、透风板(图 4-14)。新鲜谷物进入后被均匀抛撒至透风板，同时启动风机和加热器，送入低温热风。根据谷物类型、铺盖厚度、干燥机功率等

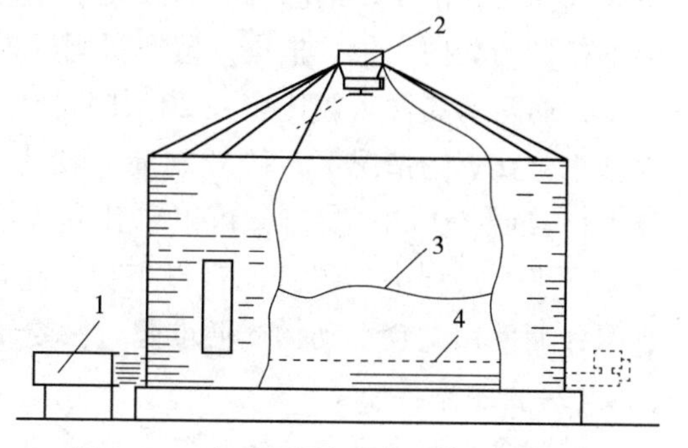

图 4-14 仓式干燥机(李宝筏，2003)

1. 风机和热源；2. 抛撒器；3. 粮食；4. 透风板

参数的不同，干燥周期也不同。

（三）谷物清选机

收获的谷粒可能存在不成熟、破损等情况，同时还可能混有泥沙、草籽、断穗等杂物。因此，谷物经过清选方能作为种子或作其他用途。根据种子及其夹杂物在尺寸、密度、空气动力学特性等物理特性上的差异，可以对其进行清选。常见的清选方式包括以下几种。

1. 筛选

利用谷物和杂质的尺寸差异，使用特定大小筛眼的筛子，让杂质被筛去。

2. 气流清选

利用谷物和杂质的质量差异，通过气流从谷物中分离杂物、碎粒。

3. 窝眼筒分选

按照籽粒的长度进行分选。未清选的谷物放入窝眼桶内旋转，长度小的谷物或杂质会落入窝眼随旋转被清除。

知识拓展

有机肥制作

一、堆肥制作

（一）高温堆肥

1. 堆肥主要指标

（1）碳氮比

因碳和氮是微生物活动所消耗的两种主要营养，成功的堆肥要有（25~35）：1 的碳氮比。当碳氮比过低时，过量的氮元素会以氨气形式散发，与空气中的酸性气体形成雾霾，污染环境；如果碳氮比过高，这种有机肥会因缺乏氮元素而吸收土壤中的氮肥，影响作物的生长发育。由于不同的秸秆与粪便水分含量、碳氮比不同，实际操作过程中很难把握具体的秸秆与粪便用量。根据一些有机肥厂提供的资料，一般粮食作物秸秆碳氮比在 35：1 以上，而畜禽粪便碳氮比多在 20：1 以下，豆类作物秸秆碳氮比介于二者之间。在秸秆与粪便水分接近的情况下，秸秆重量一般是粪便的 2~3 倍。此外，豆粕与豆类作物的秸秆碳氮比较低（20：1 左右），可以单独完成堆肥，也可与碳氮比接近的牛粪进行混合堆肥。在实际堆肥过程中，碳氮比难以把握，建议如果用草畜粪便堆肥，粪便与秸秆重量 1：1 即可；而使用杂食性动物粪便堆肥时，粪便与秸秆重量可以调整为 1：2。

（2）含水率

堆肥含水率太低，会影响微生物活动；含水率太高会形成厌氧发酵，产生臭味。如果堆肥含水率过高，要加强通风，或进行排水。含水率无须经过仪器测算，可根据经验进行判断。一般水果、蔬菜的含水率约为 90%，干清粪便含水率约为 70%，可捏起来的泥土含水率约为60%，晒干的秸秆含水率为20%以下。

(3)温度

温度过低不仅使堆肥成熟较慢，还使粪便、秸秆中的杂草种子、有害病菌无法失去活性；而温度过高又会使微生物停止活动，所以要控制好温度。高温堆肥至少要有3天时间温度维持在45℃以上，这样才可灭活杂草种子，消灭一些有害细菌与病毒；60℃以上才可以完全分解木质素与纤维素。

(4)含氧量

自然堆积的粪便与秸秆会有18%左右的含氧量。如果水分过多，氧气会被挤出，无法完成有氧发酵，会产生恶臭。

(5)pH值

因多数微生物最适宜适中的酸碱度，保持中性pH值有利于堆肥尽快完成。由于粪便在发酵过程中会形成一定的酸性物质，因此可以在秸秆中加入少量草木灰或者生石灰。但由于发酵过程的复杂性，一般情况下发酵结束后的堆肥无论有是否加入碱性物质，其检测显示都为中性。

2. 堆肥方法

建立堆肥池(长、宽根据地形确定，无特定要求)，或在地形稍高区域直接将地夯实进行堆肥。堆肥区域可在中间开宽、深各15厘米左右的十字架形通气沟，并在通气沟上树立一些秸秆捆，以帮助通气。每层堆放20~30厘米厚秸秆、10厘米厚粪便、少量石灰(用于平衡发酵所产生的酸)，适度洒水，保证堆肥材料可捏出水(60%含水量)。如果没有粪便，可用0.5%尿素溶液代替，补充氮素。堆肥可宽、高各至2米，长度不限，根据堆肥材料数量确定。为防止雨淋，堆肥可用防雨布覆盖。正常1周左右，温度会升高近70℃，需要及时翻堆。由于多数农场没有专业的温度测量设备，可以用一根铁杆插入堆肥，抽出后手感觉微烫即表明温度已经升至60℃左右。维持3天后，开始翻堆，将堆肥外部翻到内部(需要堆肥旁有一个类似的堆肥场地)。如果堆肥有较好的通气设备，可以不用翻堆，简易堆肥池如果没有专业的通气设备，可以通过挖通气沟来解决翻堆问题。夏天约1个月，冬天约2个月，堆肥基本腐熟完成。

腐熟的堆肥具有以下特点：①堆肥温度下降并稳定于环境温度；②基本无臭味；③外观呈褐色，团粒结构疏松，堆内物料带有白色菌丝。

在堆肥过程中如果有刺鼻的臭味，表明粪便偏多，或者水分过多，或者通气性不好；如果堆肥施用后，作物生长不好，表明堆肥中碳氮比过高，粪便偏少；如果堆肥呈灰化，表明堆肥过程中未控制好温度，通气不好或翻堆不及时。

(二)低温堆肥

所谓低温堆肥是指在低于45℃的自然条件下，将秸秆与粪便结合，利用微生物发酵作用，将其转化成有机肥。在秸秆全部还田的耕地中，将鸡粪或氮含量接近的其他畜禽粪便250~400千克，直接撒在一起，进行自然低温堆肥。此时，秸秆与粪便可以形成合理的碳氮比，并且在合适的条件下完成分解，形成高质量的有机肥。如果没有粪便，可用10千克左右尿素，与秸秆一起翻入土壤。这样可化解秸秆分解过程中所需的额外需氮量，及时为作物生长提供营养元素。在秸秆分解后，不仅所有的氮元素可以再次利用，土壤中有机质还会稳定提升，耕地质量会有明显上升。这是秸秆还田的另一重大作用。

饼肥作为一种高级的有机肥，宜低温堆制。其原因在于：①饼渣经过高温炒制，杂草种子与病菌已经灭活，低温不会导致耕地中更多杂草萌发；②饼肥氨基酸会在高温堆制中分解，无法形成瓜果的风味物质；③低温堆制可以释放饼肥中的过高能量，避免烧根。

(三)沤肥

沤肥是利用厌氧原理制造有机肥的一种方法，即将一些不便进行有氧堆肥的有机物，如少量的杂草、厨余垃圾等，放入水池中完成厌氧发酵，形成肥效更好的有机肥。有些农民直接在地旁挖一个坑，灌上水，将耕地中的杂草等有机物投入腐烂，这就是一种有效的厌氧堆肥。另外，将泥炭、褐煤、风化煤等用氨水、碳化氨水堆沤发酵，也是一种有效的沤肥方法。

(四)生态厕所堆肥

这是一种特殊的有氧发酵堆肥，即通过建立生态厕所，将粪、尿分离，可通过一层粪、一层碎秸秆或谷壳(谷物加工副产品)完成有机肥制作。该种方法需要建立粪尿分离式的生态厕所，在完成堆肥的同时还可消除异味、减少苍蝇滋生，是生态型农场应备的基础设施。

(五)火堆肥

将一些硬度较大的秸秆、草根、泥土堆到一起，通过非明火方式燃烧，形成火堆肥。该种堆肥可以获得大量草木灰，是较好的补充肥料。

二、绿肥制作

目前用于绿肥生产的主要有豆科类的紫云英、苕子、豌豆、苜蓿、蚕豆、绿豆、大豆等，非豆科类的十字花科、菊科、苋科、禾本科等。生产方法主要有套作、间作、轮作等。以冬季稻田紫云英为例，一般于中晚稻收割前 15 天左右撒下紫云英种子。水稻收割时，用收割机将稻草打碎，自然覆盖即可，注意不能过厚，否则紫云英难以出苗。紫云英会在冬闲与春季完成生长，第二年成熟前翻耕，即成为绿肥，其他作物绿肥制作方法类似。紫云英播种时间一定要准确把握，如果在入冬前无法长到 3 厘米以上，会缺乏抗冻能力，导致来年春天紫云英生长过慢。

旱地作物绿肥可以使用苕子、苜蓿等作物。一般也是秋天播种，冬季、早春生长，然后翻耕成绿肥。

思考题

1. 农业为什么从环境净化产业变成了环境污染产业？解决对策是什么？

2. 堆肥需要的基本要素有哪些？如何在农村利用简易的条件进行堆肥？

3. 不施用化学农药，仅施生物农药会降低农产品产量吗？其原因是什么？

4. 在农场或者在家里制作一次堆肥。根据条件设计好碳氮比、水分、温度等，可以根据条件适度加入微生物。

5. 利用身边的条件为自己所喜爱的植物制作、购买并实际施用一种生物农药，观察其效果，形成观察报告。

第五章　人力资源管理

第一节　农场人力资源管理

一、人力资源管理基本概念与主要理论

(一)基本概念

人力资源是指组织所拥有的能够被利用和做出价值贡献的员工所拥有教育、能力、技能、经验、体力等的总称。人力资源管理指通过预测人力资源需求做出规划、招聘选拔、考核绩效、薪酬激励和培训开发从而实现组织目标和达成绩效的管理过程。农场人力资源管理是指为了实现农场发展目标，对农场所需的各类人才进行选拔、招聘、培训、考核、激励、发展等活动的计划、组织、指挥、控制的总和。

(二)主要理论

1. 人力资本理论

人力资本指内化于生产者的资本，即生产者进行教育、职业培训等支出及其在接受教育时的机会成本等的总和，表现为蕴含于人身上的各种生产知识、劳动与管理技能以及健康素质的存量总和。在较早的经济学理论中，人们把劳动力、资本、土地三者并列，并认为资本是经济发展的最重要动力。而舒尔茨等专家研究认为，内化于劳动者的投资是经济增长真正的动力，且具有边际报酬递增的特征。所有的经济增长都是人力资本增长的结果，而某个产业的衰退也有可能是由产业人力资本弱化导致。由于我国农业劳动力向城市转移，大量高人力资本的劳动者从农业、农村中流失，这导致我国现代农业发展变得更加艰难。

2. X、Y 与超 Y 理论

指导人力资源管理的理论主要有 3 种理论，即 X 理论、Y 理论与超 Y 理论。X 理论认为人是趋乐避苦的，大多数人生性都是懒惰的，他们尽可能地逃避工作。大多数人都缺乏进取心和责任心，不愿对人和事负责，没有什么雄心壮志，不喜欢负责任，宁愿被人领导。Y 理论认为一般人并不是天生就不喜欢工作，大多数员工视工作如休息、娱乐一样。工作到底是一种满足还是一种处罚，要视环境而定。大多数人愿意对工作、对他人负责，人们愿意实行自我管理和自我控制来完成应当完成的目标。超 Y 理论在 1970 年由美国管理学家莫尔斯和洛希在“复杂人”假设的基础上提出。其主要观点是不同的人对管理方式的

要求不同，管理方式要由工作性质、成员素质等来决定，这与我国传统文化中的人性可塑论非常接近。

上述3种理论其实是论述不同层次的人，或者人在不同阶段的表现。在社会中，有些人知识、能力都较差，他们无法突破进步所带来的痛苦，所以表现为X型人；有些人知识与能力都非常强，他们表现为Y型人；而同一个人也有可能以前是X型人，而后经过努力发展成Y型人。“天行健，君子以自强不息”，进步是每个人内在的天然需求。但是，部分人因为能力较弱或者讨厌工作，所以表现出X型人，这时管理者就需要通过严格的外界监督，强迫这部分人突破自我，养成热爱工作、积极努力的习惯，有力的外界监督是这类人进步的推动力量；而另外一部分人由于意识到进步的重要性，也有能力突破进步前的痛苦，所以他们是能进行自我管理的人，他们认可工作、积极努力，也是企业难得的人才，可以走上管理岗位。而更多的人则是X型与Y型相结合的类型(XY型)，也就是成长型的人，他们会在良好的管理下，从X型成长为Y型。

3. 团队公平与效率理论

根据前人对我国集体经济劳动效率的研究，一个团队内部如果失去公平，其总体效率会大幅降低。如果团队中有自私者，他们会习惯于在团队工作中偷懒，如果这些偷懒者仍然可以得到同等的报酬，这对于团队其他能力更强，或者更努力的成员来说就形成了不公平。在不公平得不到解决的情况下，这些成员会用自己的方式进行惩罚，那就是拒绝劳动，或者低效劳动。当团队所有的人都偷懒或低效劳动时，团队的工作效率就会全面下降。相反，如果能保持团队内部公平，那么团队的劳动效率会显著提升。而在团队成员无法准确计量报酬的条件下，团队领导适当减少自己的报酬，可以给团队成员公平的感觉，这就是团队奉献精神。

二、人力资源管理理论在农场管理中的应用

(一)农场人力资源管理规划

农场人力资源管理规划是指根据农场发展需要对农场所需的人力资源进行全面分析与预测的过程，包括企业发展所需的人力资源数量、质量以及岗位分析、制度设计、工作分析、员工选择与招聘、员工培训与成长、员工考核与激励等方面，由农场人力资源管理方向与具体实施计划两部分构成。根据前述理论，制定农场人力资源规划需实现如下目标。

1. 优先招聘Y型员工

农场工作由于具有分散性、自主性，所以对员工的自我管理与工作主动性要求特别高。在相关知识、能力差距不大的情况下，农场要通过甄别问卷识别Y型员工，并积极招聘其到农场工作。对于X型员工可以临时聘用，并且监督使用。对于XY型员工，则根据工作性质与条件，给予培养与聘用。

2. 形成完善的监督管理机制

根据超Y理论，X型员工能否成长为Y型员工，取决于农场自己的监督管理机制。好的监管机制是X型员工成长的助力器，能帮助他们尽快成长为Y型员工，同时保证Y型员工不会退化成X型员工。

3. 积极培训农场员工，提升人力资本

结合激励与成长机制，将农场所需的员工转化成合伙人，并对其进行积极的培训，提升人力资本，保证农场健康发展。农场员工人力资本的增长会给农场带来比资本投入更多的效益，是农场可持续发展的基础。

（二）农场主要工作分析

标准生态农场的主要工作包括种植、养殖、加工、营销、民宿、餐饮、自然教育、农业教育、亲子教育、财务、农机维护等方面。在农场规模较小的情况下，这些工作可由农场主完成，但在规模较大的农场，必须形成相对清晰的分工，并招聘相应员工。工作分析不仅要设计出清晰的岗位，还要将工作内容、工作时间、工作技能通过岗位说明书进行清晰表达。

（三）员工招聘

根据工作分析的结果，通过个人状况、情景设置、趣味智力、逻辑推理、写作能力等多类问题甄别农场所需的员工。农场员工招聘重点考虑的因素如下：

1. 员工的个人兴趣及其可塑性

根据超 Y 理论，只要员工兴趣在农业上，或者具有较高的可塑性，他们就极有可能成为农场合格的员工。

2. 员工的农业知识与服务业知识

对于员工来说，掌握基本的农业知识是安全生产的前提。所以，合格的员工必须要有基本的农业知识，以保证所有员工都可以参加农业生产。除此之外，生态农场业务较多，食宿、研学等业务也都比较重要。员工有较强的服务知识，是胜任各项工作的重要条件，在招聘时必须加以考虑。

3. 员工综合能力

农场工作涉及多方面的知识，所以要求员工具有多方面的才能，既要有一定的体力，能完成各类体力劳动，又要有较高的沟通能力，能写、会说，可帮助农场完成营销、申报等各项工作。

（四）员工培训

员工培训分为两类，一类是理论培训，主要由相关学校完成；另一类是实践培训，主要由农场完成。随着科技的发展，农场应该给予自己的员工足够的学习机会，不断提升农场人力资本。

（五）员工考核

员工考核应与工作类型紧密结合，根据不同的工作，可以将考核方式分为以下几类：

1. 完全承包考核

完全承包制是指所有工作全部外包给农民，农场与农民之间是近似于市场交易关系的长期合同关系。农民自有耕地成为农场生产基地，农民接受农场的要求与指导。这种工作方式下，员工一般来自当地富有经验的农民，他们能接受生态理念与农场指导。这种工作方式考核相对简单，只要农民生产过程按照农场要求完成，且能按质、按量提供产品即可。农民的收益主要来自产品的市场交易。这种方式可以作为农场刚开始发展生产能力不足时的应急处理。其优点是管理成本低，考核简单；缺点是无法控制生产质量，尤其是农民没有接受生态理念之前，这种情况尤为严重。少数农场以契约方式组织生产，考核关键点是合作方的能力与品德。

2. 工作承包考核

工作承包制是指农场主将农场可清晰独立出来的工作承包给农民完成。农民的工资由劳动时间或劳动量决定。以多利农业生态园的大棚蔬菜经营为例，农场经理将大棚里的劳动交给某个农民小组完成，根据工作量确定工资。其考核的方法较为简单，某项农活按质量完成就可以得到相应报酬，而这个报酬是农场经理在分配时确定的，也可以与农民进行协商。工作承包制的最大优点是考核简单，农民劳动积极高，无须监督。其缺点在于对农场经理要求较高，其在指派任务时要能准确判断出用工量，以合理地确定劳动报酬。工作承包制考核的关键是现场管理的经理要有相应的经验，能判断出生产质量，如果可以在现场监督劳动，则效果更好。

3. 临时用工考核

在农忙季节临时招聘周边农民参与生产，一般根据劳动时间确定工资，农场有专门的管理人员参与监管。临时用工一般不按工作量来发放工资，因为农业监管存在困难，如果完全按照工作量发放工资，劳动者会设法减少劳动内容而增加劳动成果，例如，锄草时少锄一点，监管人员是难以发现的。临时用工考核是综合劳动质量与劳动时间的考核，且以劳动时间为主，一般按天计算报酬。在劳动质量明显有问题的情况下，可适度扣减报酬。临时用工考核的关键在于现场监督。

4. 长期用工考核

长期用工相当于农场的固定工人，每天由经理指派工作内容，其工资按月固定发放。因为农业生产监管的成本高，所以长期雇用的人一般与农场主有较密切的信任关系，以亲属、朋友居多。一般是农业方面的技术熟练工，可以独当一面。

前两类考核建立在工作外包基础上，侧重于工作量的完成；后两类考核是对临时用工与员工进行考核，侧重于时间管理。

（六）员工薪酬与发展

农场员工薪酬主要是临时用工薪酬与长期用工薪酬。临时用工薪酬主要由市场确定，对于劳动效率高、人品好的工人，可以给予额外奖励，并逐渐转化成长期用工。长期用工薪酬也由市场确定，但应略高于市场，以求稳定。如果工人对农场非常重要，可以将其发展成为合伙人，并将工资从月薪制改为年薪制。这样，长期固定工人的管理成本也会非常低。

第二节　农场员工劳动效率提升原理与实践

一、农场工作效率提升的意义

在农户家庭经营的条件下，农场各类劳动是由家庭成员完成的。家庭经营劳动者积极性高，不需要任何监管，所以农业劳动标准化一直是农场管理学科未重视的领域。但是，随着农场用工越来越多，劳动监管显得越来越重要。而监管所依赖的标准几乎没有，这就要求我们将农场的各类劳动及其相关的工具、场所进行分类，然后建立标准体系，以此进行科学管理。在借鉴一般工作标准化的基础上，形成农场工作效率提升方法。

二、手工劳动效率提升原理与实践

(一)均衡地同时运用双手在同一视域内进行劳动

1. 双手均衡劳动可减少身体震动与疲劳

双手同时劳动可以使身体更加平衡，减少身体震动，使劳动者更容易化解力量，从而减少疲劳。农民在工作时，不但应该使双手同时进行生产工作，而且左、右手所做的工作最好是镜像式，以保证均衡对称。例如，采摘番茄等工作，应当用两手分别采摘，而不是一只手扶另一只手摘。两手同时工作时，应保持距离接近，以便于两眼能够同时顾及双手的动作。如果双手分离较远，则不但要转动颈部，而且会使两眼顾此失彼，也容易使颈部感到疲劳，从而降低工作效率。

2. 利用夹具

如果农场的部分工作需要一只手握住某物而只能用另一只手工作，可以利用各种夹具，将需要控制住的物体夹住，然后用双手进行工作。通常农民习惯用一只手拿容器，另一只手摘果实；或者一只手握住种薯，另一只手用刀切割。这样一只手固定物体之后就不能进行其他操作，双手劳动变成了单手劳动，降低了劳动效率。采摘果实时，如果将容器悬挂，那么就可以双手采摘果实；又或者将种薯用夹具固定，则可以双手同时切割，达到事半功倍的效果，从而提高工作效率。

(二)用轻微、曲线动作代替大幅、直线动作

在手动劳动时，手上的动作一般可以按从低到高分为以下 5 个等级：手指动作，手指以及手腕动作，手指、手腕以及前臂动作，手指、手腕、前臂以及上臂动作，手指、手腕、前臂、上臂以及肩部动作。用最低等级的动作来工作不但迅速省力，而且不容易疲劳。把手上的动作分级，目的在于强调工作时的工具和材料的放置，要尽可能地接近劳动者，以简化手部动作。尽可能地运用最低等级的、连续的曲线运动，代替方向突然变化的直线运动。农民从事轻巧工作时，如果可以用手指工作，则尽量减少手腕与手臂的动作，使工作迅速完成而减少疲劳。例如，在拔秧时，农民可以舒适地坐在苗床上用手指采拔秧苗，而不必利用上臂。

每次用手或容器取用或放置物料时，应握满或装满，以减少取放次数。农民用手采摘秧苗或果实时，应在双手握满后，再将物料放置于容器中，以减少手的转动次数。在将容器运到储藏场所时，也应装满物料后再运送，以减少奔走次数，从而达到节时省力、提高工作效率的目的。这样可以最大限制地减少大幅度动作，节省农民体力。

(三)保持工作与呼吸之间合理的节奏

农民在工作的时候如果能让动作如同呼吸和走路一样有节奏，就可以让工作的人在不知不觉之间轻松完成动作，而减轻工作疲劳。

农民在劳动时，除非遇到紧急情况，一般都要将劳动与呼吸结合起来，让工作与呼吸节奏一致，这样可以长时间保持体力。如果劳动节奏快，可以加快劳动速度，同时增加呼吸节奏，增强劳动持续性。

（四）实践案例

安徽农业大学2015级农林经济管理专业学生对秋葵采摘标准化动作进行设计方案对比。农场习惯方法为：将一个蛇皮袋放在身前，一畦秋葵，一只手剪，另一只手采摘。建议改进方法为：将蛇皮袋上部减开10厘米左右，形成一根可以绑在腰上固定的带子，然后将袋子完全绑在腰上，彻底解放双手。让8位同学分成两组，前4位用农场习惯方法，后4位用改进方法，进行15分钟采摘试验。结果发现，采用改进方法的小组平均劳动效率提高25%。出现如此明显的效率差异的原因是，将蛇皮袋放在身前，需要不停地用手向前提，减少了双手同时劳动的时间；而将袋子绑在身上以后，两只手全部解放出来，劳动效率明显提高。当然，本次试验并没有完全将双手劳动的优势体现出来，因为需要用手剪，所以双手同时劳动对降低身体震动的效果不太明显。如果试验时间更长，或者有可以套在食指上的指镰，真正实现双手同时采摘，其效率提升会更加明显。

三、农场场所标准化设计原理与实践

农场场所标准化设计与农场劳动效率密切相关，是劳动管理的重要组成部分。

（一）工作场所标准化设计原理

1. 工具及材料应当在固定的场所以固定的顺序摆放

劳动者应该把所需要的工具和材料放在一定的场所，以便自动和迅速地取得所需要的工具和材料，不但可以减少疲劳，而且节省时间。通常工作台上所放置的工具和材料，要与劳动者双手范围一致。

正常工作范围指劳动者以肘为中心，以肘长为半径，在台面上所画的弧形范围。在这个正常的工作范围之内，手的动作等级低，故省力省时。最大工作范围是以左肩或右肩为中心，以臂长为半径，在台面上画弧形所得区域。垂直面的左、右手或双手的正常和最大工作范围与平面的相同。为了省时省力，工具和材料应该放在正常工作范围之内，而不能超过最大工作范围。在这两个工作范围之内，取用工具或材料，伸手可得。如果工具和材料众多，没有办法全都放在平面的最大工作范围之内，那么可以向立体发展，但是不得超过垂直面的正常和最大工作范围。

材料和工具应该放置在固定场所。如果工具的排列顺序与工作顺序不匹配，那么劳动者忽前忽后、忽左忽右地取用其材料和工具，会增加身体的动作，浪费体力和时间。如果将所需要的材料和工具按照工作顺序排列在固定的地方，那么劳动者可以依次取用，节省体力和时间。

2. 运用重力作用运送材料和产品

劳动者需要的材料，虽然已经放在距劳动者很近的地方，但如果有大堆的材料放在箱子里，那么取用的时候会自上而下或是自右而左，仍不能从固定点取得，使双手的动作等级降低，这不符合高效原理。如果把材料箱底部倾斜，并且有一个出口，那么劳动者可以从固定出口处取出一个物品，另一个物品因为重力作用落下而补充，如此劳动者可以伸手到固定的地方取出所需要的材料，而让双手的动作等级降低，省时省力。在农场进行配菜时，这种装置可以显著提高配菜的效率。

已经装配或是包装好的物品，如果劳动者用手将它放置在容器中，就需要转动身体和手，费时费力。这时可以运用堕送(利用重力运送货物)方法，利用物品自身重力作用，让它可以自动地放置在容器中。为了应用堕送方法，可以在完成工作的地方钻一个孔，孔下面接倾斜的运送管，管子的另一端承接容器，这样劳动者可以把物品滑入孔内，由于重力的作用，物品会自动沿管子或滚动带向下，进入容器，不但可以减少劳动者身体和手的动作，还可以节省很多时间。

3. 应该有适当的照明设备，使劳动者视觉舒适

劳动者在工作时，应该有适当的照明设备，以便看清楚工作物，从而避免视觉疲劳。适当照明是指足够的光度、适当的光色和合适的光向。照明的设备应该按照工作种类将这三者加以配合，从而使劳动者的视觉舒适，以提高工作效率。

4. 劳动者应该可以根据需要调换姿势

劳动者应该按照自己的工作需要改变姿态，坐着或站着工作，以使某部分肌肉获得休息，且位置的改变可以促进血液循环。长时间坐着或站着工作，相比可自由改变坐立姿势，更易于疲劳。有许多工作可以坐立进行，所以工作台和座椅应有适当高度，以利坐立。适当的工作台高度是指，劳动者站着工作时桌面低于肘部 2. 5~7. 5 厘米。适当的椅子高度是指，劳动者坐着工作时其肘部高于桌面 2. 5~7. 5 厘米。农场中员工众多，身高不同，工作台和桌椅的高度应以员工的平均数为依据。如果有过高的员工，可将桌面垫高，以抬高其高度；至于过矮的员工，可用脚踏或在放椅处加垫板加以调节。长时间使用手或手指的动作，应该有手臂靠垫来减轻手的疲劳感。如果是坐着工作，应该有脚踏板来放置双脚，避免双足垂在空中，从而减轻脚部的疲劳。

(二)农场场所设计标准化实践

一般农场的配菜，可以利用重力设计蔬菜配送台，以提高蔬菜分装效率。具体设计如下：①建立重力蔬菜滑槽，改变平板蔬菜配送台的人力搬运方法；②设计蔬菜包装台，将包装工具按固定顺序、固定位置摆放，以提高分装效率；③设计包装成品堕送槽。

四、农场设备标准化原理与实践

(一)设备要可以全面利用人的手足

农场使用的设备，稍加改进即可用脚代替手，其工作效率往往会有显著提升。某公司将原来用手操作的点焊机，加以改造用脚踏板操作后，节省 50%工作时间。

(二)设备尽可能将多种工具合而为一

工人在工作时，往往需要使用各种工具，而每种工具的拿取和放置，往往花费工人不少时间和体力，如果能将两种以上的工具合并，则可以省时省力。如联合收割机、“五位一体”播种机等。

(三)手柄的设计尽可能增大其与手的接触面积

农场工人在做锄地、收割等工作时需要用到各种手柄。根据研究，手柄与手接触面积越大，工作效率越高。所以，农场正常使用的锄头、镰刀等工具手柄不可太细。即使用于装配工作的小螺丝刀的手柄，顶部也应该比底部大，以便于手握而提高工作效率。

(四)设备与场所设计要协调统一

如果大型农机转弯困难，田块要尽量设计成圆形，环状行走可以使机械整地、施肥及收获等工作所走的路线减少，降低转弯及后退所用的时间及燃料使用，从而提高工作效率。但如果田块因客观环境只能是条形，所选用机械应该考虑到转弯、后退的便捷性，小农机可能是更好的选择。

知识拓展

集体经济管理对农场人力资源管理的启示

一、我国集体经济简介

我国集体经济是农村经济发展的伟大社会试验。为了解决农业生产发展以及以农补工等问题，政府通过初级社、高级社、人民公社 3 级整合，将大多数农民变成了社员，集体劳动，统一管理，按需、按劳分配相结合。在全世界范围内，农业因其监管的特殊性，十分适合家庭劳动。而中国农业集体劳动试验给现在的农场员工管理留下了极为宝贵的经验。从现有资料来看，我国集体经济时期，各个生产队一般建立一个以队长为核心，副队长、指导员、妇女队长、会计、经济保管员、仓库保管员为辅的管理团队，同时以工分制为基础，形成一套奖惩制度，完成社员管理。在同样出工的情况下，男性 10 工分，女性 8 工分，生产队统一记账，年底按人口与工分统一分配。在区分劳动质量成本非常高的情况下，生产队考核人员按只要出工就有工分(队长与会计监督考核)原则给劳动力计分。年底，首先将粮食按人口分配，再根据各户工分多少分配多余粮食，真正做到了按需与按劳分配相结合。但在少数劳动力明显出工不出力的情况下，也会通过调整工分来对其进行制约，如对于身体较差的男性劳动力给 9 工分，对于劳动非常慢的妇女给 7 工分等。这种特殊的工分制保证了农民向集体生产投入了大量的劳动，保证了粮食产量的稳定增长，支撑了中国的工业化。

集体经济因为集体劳动与考核，所以形成了一个较大的管理团队。其中，队长主要负责对外沟通，如开会、参观等；副队长主要进行生产管理，包括社员分工、劳动质量监管等；指导员则对集体劳动中偷懒的人进行思想教育。集体经济管理团队培养了中国农民管理人才，为农村、农业的发展提供了大量珍贵的公共产品，部分设施至今仍然起着至关重要的作用。

二、集体经济失败原因

(一)降低了劳动效率与决策效率

因农业劳动无法以计件、计时方式完成计量，所以当时的生产队一般会以出工时间来计算劳动量。但这种计量方法又无法评价劳动的质量。因此，劳动质量更高的劳动者会觉得不公平。尤其当集体中出现偷懒行为时，这种内在的不公平感会更强。而由于集体经济是所有农民都必须参加的，所以集体无法将一些偷懒者开除。不公平会导致部分人失去劳动积极性，并蔓延到整个集体，从而导致集体工作效率降低。

集体生产中的不公平，不仅会降低生产效率，也会降低决策效率。农业因为与气候密切相关，所以抢种、抢收等活动经常发生，这要求决策者与劳动者融为一体，决策与实施之间没有阻碍。但在集体劳动时，队长的决策未必能得到及时实施，实际的决策效率没有家庭生产高。这种决策效率降低所带来的成本增加甚至与劳动效率降低具有同样的影响。

(二)缺乏合作收益且增加管理成本

农业生产不需要大量劳动者的合作，所以以不需要监管的家庭为单位最为合适。如果进行集体生产，除进行水利、道路等公共产品供给外，正常的农业生产并不会创造额外的合作收益。而在集体劳动时，因为要记工分，必须有一部分劳动力需要脱离劳动生产实行专业化管理，这明显增加了管理成本。另外，自由也是农民放弃集体生产的重要原因。农业并不需要按时上下班，它需要劳动者根据天气进行劳动，可自由安排时间。而集体生产降低了这种灵活度，因而增加了农民生活成本，使农民内心排斥集体生产。

三、对当代农场人力资源管理的启示

(一)建设公平、高效的劳动团队

当一个生产团队中有偷懒者时，他们的劳动效率不但较低，还会因为其他成员的不公平感而降低整个团队的生产效率。因此，要保证农场生产团队的高效率，必须将这种偷懒者清除出去。

(二)选择合适的管理者

在部分团队中，存在一定数量偷懒者是难以避免的现象。因此，团队管理者的作用就显得非常重要。一个好的管理者必须有奉献精神，有干事能力，能解决组织内部的矛盾，以保证生产。奉献精神可以迅速减少内部交易成本，更容易形成团队合力，从而提升管理效率。

(三)选择具有合作收益的项目进行集体生产

农场劳动应选择合作劳动收益高而个体农户无法取得高收益的项目。对于农场中不需要集体劳动的项目，通过承包、外包等形式转移给农民个体生产，可保证生产的高效。

思考题

1. 农场怎样才能提高员工的劳动效率？
2. 为什么控制好呼吸与劳动节奏可以提高劳动效率？
3. 根据农场提供的工作场景，设计一套可以提高劳动效率的动作标准。

第六章　种植管理

第一节　杂草管理

一、杂草生态管理的必要性

杂草是目标农作物之外的野生植物与其他农作物。杂，九表示极多，木表示植物，其字义为多、乱；草，即相对于庄稼，会更早萌发、更早生长的植物，体现了杂草与庄稼共生千年而进化的典型特征。杂草具有很强的抗逆性和适应性，其生长优势往往大于单一农作物，如果不加以合理的管理，将会带来减产甚至绝收等问题。每年全世界因为杂草危害造成农作物产量平均降低 9.7%。据统计，全球每年小蓬草（*Conyza canadensis*）和香丝草（*Conyza bonariensis*）导致棉花和大豆产量降低 28%～68%。我国常年受杂草危害的土地面积超过 0.73 亿公顷，因杂草危害直接造成的经济损失高达 900 多亿元。杂草管理仍是很严峻的问题。

在我国传统农业中，杂草防治主要依靠人工。而人工控制杂草是非常辛苦的劳动，甚至成为农民最主要的工作。化学除草剂发明之后，大大减轻了农民的劳动强度，因而被全世界农民广泛接受。但杂草化学防治在带来巨大便利的同时，也造成各种问题。

（一）化学防治影响作物生长和破坏生态环境

近几十年我国的杂草管理主要以化学防治为主，最主要的防治措施便是使用化学除草剂。使用化学除草剂后，其残留短期内无法分解，会留存在土壤中，不仅会对本季作物产生危害，还会对后茬甚至第二年作物产生药害。长期使用除草剂会使杂草的抗药性增加，降低土壤肥力，减少土壤中微生物群落，污染地下水。

（二）化学防治影响人体健康

草甘膦是一种高效灭杀性除草剂，自 2016 年美国一位员工起诉草甘膦的生产商孟山都公司，控诉其草甘膦导致非霍奇金淋巴癌事件后，美国已经相继出现多起草甘膦致癌官司。一时间针对草甘膦是否存在致癌性成为谜团，越南、法国等先后颁布草甘膦禁售条令。无论草甘膦是否具有致癌性，长期频繁地使用除草剂，其残留最终会聚集在人体中，当积累到一定浓度，便会损伤人体各种器官，诱发病变，威胁人类身体健康。

随着绿色发展理念深入人心，人们的消费观念也在逐渐转变，对优质生态农产品需求不断增加，农业经营主体也积极调整产业结构，实现产品升级与践行环境保护。在产业结构的调整中，农业生产的杂草生态管理有着重要的意义。实现杂草的绿色生态管理，不仅可以确保食品安全，而且可以提升农产品质量。

二、生态农场杂草管理指导思想与原则

(一)指导思想

生态农场杂草管理是以生物相生相克的理念为基础，环境友好化的管理为手段，多种方法综合应用。相生相克是依据生物之间的生长存在协同和颉颃作用，充分利用不同物种间生长特性和关系，达到利用杂草、抑制杂草、促进作物生长的目的。在实际生产过程中，生态防控不是单一使用某种防治策略，而是需要多种方法结合运用，以“推拉结合”策略，高效地实现杂草生态管理。

(二)主要原则

1. 保留与利用杂草

杂草是农业的一部分，而且在环境保护、农业小气候调节、农产品品质、病虫害防治等方面都有相应的作用，不宜简单灭绝，而应保留、利用与适度控制。

2. 不破坏环境

化学除草剂因为负面作用偏大，且对环境与人体健康有较大影响，所以不宜使用。

3. 不大幅增加成本

在传统农业中，“农业就是农民与杂草之间的战争”。生态农业将更多地利用自然的力量而减少人工成本，进而控制农业生产整体成本。

三、杂草生态管理策略

(一)相生类杂草生态管理策略

充分掌握生物间协同共生的关系，利用彼此促进生长的特性，实现相辅相成的生态互助策略。

1. 保留杂草，促进作物生长，提升产品品质

杂草与作物之间具有相生关系。传统生产认为杂草的存在有百害而无一利，但从生态角度来看，杂草不但可以促进作物生长，还可以改善作物生长小环境，增加产出，提升品质。例如，马铃薯的叶片会分泌一种类似成长激素的物质，刺激大麦生长；葡萄园中种植紫罗兰可以提升葡萄香味；月季花盆里种上大蒜可以减少月季的白粉病；萝卜地的连钱草可以让萝卜长得更大等。在果园间隙保留或种植黑麦草、鼠茅草、三叶草、紫云英等，既可生产饲料，又可改善作物小环境。黑麦草是优质的牧草饲料；鼠茅草可保持土壤湿润，提高生物多样性；三叶草和紫云英是优质绿肥，可有效地促进果园的生态发展。除此之外，这些保留的草还可以储存水分，在高温天气降低作物周围温度，避免高温灼烧；同时，将这些杂草控制在一定的高度，可增加土壤孔隙度，增加土壤微生物种群，改善果园小气候，促进果树的生长与水果品质提升。

杂草与作物，或者作物与作物之间的相生关系来源较为复杂，原因如下：①植物之间的化感作用，即作物根部所分泌的化学物质是相互促进而不是相互抑制的；②植物之间激素的促进关系，植物茎、叶分泌的激素可以相互促进；③植物之间生态环境的相互改良，

如果园杂草可以给果树增加湿度并降低温度，以减少热斑。

2. 保留杂草，减少病虫害

(1)保留适量的杂草，为天敌提供生存空间

保留适量杂草可以吸引、繁衍更多的天敌，建立起农田的生态链，有效地控制虫害的发生。王大平通过在4个不同苹果园调查发现，在苹果园保留夏至草，或间作苜蓿、三叶草、白花草木樨、百脉根等可提高天敌昆虫的多样性，有助于发挥天敌昆虫的作用。

(2)部分杂草自身具有驱避害虫与减轻病害的作用

某些杂草可以分泌物质避赶害虫，如马齿苋可防治棉蚜虫，打碗花可防治红蜘蛛，泽漆可防治小麦吸浆虫、黏虫、麦蚜等。而某些杂草则可以减轻许多细菌性与真菌性病害，如小蒜、鱼腥草都可以减轻植物病害。

杂草除上述作用外，还可以保持水土、美化环境、维护生态平衡，部分杂草还是非常好的中草药。

(二)相克类杂草生态管理策略

此策略是充分发挥生物之间相互抑制生长的特点，利用其他生物体来抑制杂草生长的管理策略。

1. 以草克草

在农业生产中，以草克草方法的应用十分广泛。选择性地种植一些密度大、遮阳性高的杂草，如紫云英、野豌豆等，这些草生长茂密，可与其他杂草竞争生存空间，有效地抑制其他杂草。通过在梨园种植鼠茅草，发现了种植鼠茅草后主要控制了禾本科杂草的发生，对多种杂草防效达100%。在蓝莓行间种植白三叶，对杂草的防治效果达到80%以上，不仅可以有效地抑制其他杂草的萌发和生长，还可作为优质的绿肥。在农村庭院中，也可使用以草克草方法。由于现在农民经常外出打工，家中庭院会生长许多杂草，为了管理方便，许多农民直接在自家庭院中喷洒除草剂，给家人带来了不安全因素。其实，庭院杂草的防治完全可以通过以草克草的方式完成。根据家人爱好与当地气候，选择一些美丽、实用的中草药种植在庭院，既克制了杂草，又美化了庭院，还能收获一些中草药，是一举多得的解决方法。

植物相克主要是因为根部的化感作用。培育具有化感作用的植物可抑制相关杂草生长。有学者研究发现，白三叶地上部分水浸液、根部分泌物和挥发物对其他杂草种子萌发和幼苗的生长有明显的抑制作用。种植三叶草的区域具有较强的种群优势，短时间内可生长成较厚的覆盖层，有效地压缩其他杂草的生存空间，达到控制杂草的目的。对于山区农民来说，野竹子是非常难以清除的，使用化学除草剂等，效果都不太好。但如果能充分利用植物之间的化感作用，再结合物理方法，控制竹子蔓延也不是太难。我国从元代开始，就有种植芝麻抑制竹子的说法，而民间也有“竹不过沟、藕不过桥”的说法。因此控制竹子，只要在竹子清理后种植芝麻，再配合使用深沟，是可以控制住野竹子蔓延的。现代相关研究也发现芝麻对禾本科、莎草科植物的生长的确有一定抑制作用，还发现芝麻对白茅有一定抑制作用。所以，在山区荒地上高密度种植芝麻是控制荒地杂草的有效方法。近几年水花生在中国泛滥成灾，不仅可在水田、塘埂大量生长，旱地也有生长，而且一般除草

剂对其无效，而后有菜农发现种植紫苏可以较好压制水花生生长。

2. *以作物克草*

以作物克草是指通过改进作物种植密度、方式以及茬口安排，充分利用间作、套作、轮作来控制不同类型的杂草。

(1)密植

密植是指人为提高种植密度，不给杂草生态位，从而控制其生长。相关研究显示，与种植密度6.0万株/公顷相比，玉米在种植密度7.5万株/公顷条件下，杂草的密度和杂草地上质量均有下降的趋势。

(2)间作

间作是在同一田地与同一生长期内，分行或分带相间种植两种或两种以上作物的种植方式，它可以显著减少杂草生长空间，进而减少并抑制杂草。如现在正在推广的玉米-大豆间作不但可以减少杂草，还可以相互促进生长。

(3)套作

套作是在前季作物生长后期的株、行、畦间播种或栽植后季作物的种植方式。套作的两种或两种以上作物的共生期只占生育期的一小部分，是一种解决前后季作物间季节矛盾的复种方式。套作不仅可以解决两季作物生长期间冲突问题，还可以充分利用上季作物留下来的秸秆进行覆盖，进而减少杂草。而套种作物本身也占据了本来杂草的生态位，进而减少了杂草。如花生-玉米套作，杂草减少47%。

(4)轮作

轮作是在同一块田地上，有顺序地在季节间或年间轮换种植不同的作物或复种组合的种植方式。轮作可以改变生产条件，控制杂草生长。相关研究表明，玉米-大豆轮作可有效地降低玉米连作田杂草种子50%以上。而对于恶性杂草，轮作则是更为有效的生态控制方式。如果耕地中有严重的旱地杂草小飞蓬，该杂草对多种除草剂具有抗性，简单的方法难以有效控制该类杂草。在条件许可的情况下，将耕地从旱作改成水作可以减弱小飞蓬生长态势，控制其强势生长，两季轮作后，小飞蓬可被有效控制。对于强势的水生杂草也是一样，如水花生、千金子，在水田中无法控制时，将水田改为旱地，在无水的情况下可以相对容易地控制此类恶性杂草。水旱轮作对农田基础设施有一定要求，否则轮作成本较高。

3. *以动物克草*

以动物克草是指通过种养结合，将种植作物与养殖合适的畜禽结合在一起，让动物通过吃、踩、拱、刨等方式控制住杂草。这对于部分作物来说是一种接近完美的杂草控制方法。以稻鸭共养为例，利用雏鸭在稻行间奔跑觅食、踩踏杂草，可高效抑制杂草生长。甄若宏、王强盛通过稻田试验总结出，稻鸭共作对杂草的防除达到96.1%，显著降低了稻田杂草的发生种类；玉米柴鸡共养和茶鸡共养利用鸡食草和翻土特性控制杂草，松土施肥，改良土壤，效果明显；与常规种植相比，稻虾共作模式的稻田中丁香蓼、水苋菜、千金子、陌上菜、稗、通泉草、异型莎草、鳢肠、牛毛毡和铁苋菜生长频度均有所降低。2005年开始，浙江大学生命科学学院陈欣教授领导的研究团队发现，在稻田养鱼时，鱼可直接取食水稻基部的纹枯病菌，也可直接取食杂草或干扰杂草幼苗的生长，纹枯病菌和杂草的去除率分别为70%和90%。

4. 以菌克草

以菌克草指通过让杂草感染细菌、真菌致病进而控制杂草的方法。目前国内已经有一些成熟的专项生物除草剂，可感染部分特殊类型杂草，但对作物没有影响。部分学者发现菌克阔和克稗霉复配能有效防除主要杂草，可以替代化学除草剂应用于直播稻田。在玉米田内的杂草马唐的患病茎、叶和根际周围土壤中分离得到一株细菌，生物测定结果表明其对马唐萌发抑制率达93%，对根部生长抑制率为85%。虽然生物除草剂专性较强，价格昂贵，推广难度较大，但生态农产品价值较高，所以仍可在生态农场使用。

5. 以物克草

以物克草是指以各种实物去控制杂草。这些物体包括作物秸秆、稻壳油、地膜、无纺布等，将这些实物直接覆盖在作物周边即可完成杂草控制。如在高山茶园中，利用秸秆覆盖可以非常好地控制花园杂草，同时可减少水土流失。

(1)地膜覆盖

地膜通常是透明或黑色PE薄膜，也有绿色、银色薄膜，用于地面覆盖。在马铃薯田覆盖黑色地膜对田间杂草防控效果较好，株防效为95%，鲜重防效为94.2%。黑膜覆盖要统一回收处理，避免薄膜污染。

(2)秸秆覆盖

秸秆覆盖是指利用各类作物秸秆或收割的杂草秸秆对作物周边空隙土地进行覆盖。秸秆覆盖不仅可以高效控制杂草，还可保温、保湿、转化有机肥，有利于作物生长与地力恢复。龚德荣通过秸秆覆盖小麦田实验得出，秸秆覆盖可实现杂草减少58.3%~93.2%。秸秆等覆盖10~15厘米，不仅可充分利用秸秆，而且可达到良好控草效果。秸秆覆盖对于一些尖叶型作物特别有效，可在播种前完成覆盖。但对于阔叶作物来说，过厚的覆盖会影响作物生长，不宜在播种前实施，可以在作物长到一定高度以后实施，但其人工成本相对较高。

6. 以水克草

以水克草主要是指在水稻种植中农民经常使用的深水压草技术。针对水稻田，可采用深水灌田的方式。如果水稻田水深15厘米以上，可抑制杂草生长。该模式需要采用人工插秧或者大苗(30~40天)插秧机的种植模式。较深的水面抑制杂草对阳光、氧气、二氧化碳的摄取，可有效控制其生长。另外，此法要求耕地平整，田底不渗水，田埂不漏水，水利设施方便。人工栽秧成本较高、效率低，而大苗插秧机技术要求高，目前该技术正处于缓慢推广之中。

7. 以机械除草

一般耕地连续耕作几年需要进行深翻，深翻主要以秋季翻地为主。秋季深翻可以收藏冬季雨雪，深度一般在22厘米左右，黄土、黄沙土地最适深度约15厘米，黑土地最适深度为25~33厘米。利用翻耕机将耕地表面的杂草种子翻到深处，可以抑制种子的萌发，降低杂草种子活性，并且可以增加土壤的通透性，改善土团结构；多次旋耕是根据杂草生长周期，在其开花前、种子成熟前进行旋耕，清除已经萌发生长的杂草。鲜草旋耕到土壤中，进行发酵，增加土壤腐殖质含量，促进作物生长。部分学者研究发现用土壤将杂草植株深埋入地面是最有效的机械除草策略之一。

8. 非化学除草剂控草

有研究表明，一定浓度的有机醋也可以达到防治杂草的效果，定期喷施，效果明显。由浙江农林大学马建义教授研究创造的竹醋液除草剂，利用竹醋液控制杂草生长，已形成商品出售，可代替草甘膦使用。此外，阜阳农民发现石硫合剂500倍液可以控制已经对草甘膦除草剂产生抗性的小飞蓬、一年蓬等杂草。

9. 释放除草机器人

现阶段随着传感技术和计算机技术的逐渐成熟，行间机械除草自动化得到了较快的发展，基于机器视觉和北斗导航的株间除草技术研究即将成熟。总体来看，除草机器人目前成本较高，但随着技术发展，特别是5G技术成熟，其应用范围将越来越广，成本也会越来越低。

(三)综合类杂草生态管理策略

除上述相生相克方法外，还可以通过综合建设与管理的方法，为防止草害发生营造良好的生态环境。

1. 利用农场规划控制杂草

(1)建设生态隔离带控制杂草

根据当地的生态环境质量，生态隔离带一般在8~20米，可由道路、河流、山体或树林组成。隔离带最好是由乔木、灌木组成立体的自然屏障，主要是拦截随风飘移的杂草种子。一方面，减少区域内的杂草种子数量，逐年降低杂草数量，防止恶性杂草种子的入侵；另一方面，可以起到生态保育的作用，成为农田害虫天敌的栖息地，增加生物多样性，促进生态产业的发展，生态效益高，应鼓励推广应用。

(2)布局相生类植物或杂草控制杂草

在农场规划中不仅可利用隔离带减少杂草种子，更可以主动布局一些与作物相生的作物与杂草，促进作物生长的同时，克制其他杂草。如萝卜地里保留连钱草，土豆地里间作大麦等。

2. 完善农场设施控制杂草

(1)完善水利设施，拦截杂草种子

以水稻生产为例，水稻生育期间，需要多次进排水，一般河水中都有漂浮的杂草种子，在进水口使用高密度网套或类似工具拦截水中种子，可减少杂草种子随水流进入水田的数量，从而达到控制杂草的目的。

(2)利用暖棚设施，用高温闷棚技术，灭活杂草种子

在大棚种植下茬作物之前，一般为6月下旬至7月中下旬，采取高温闷棚消毒，是消除病菌、杀灭虫卵、清除杂草、改良土壤的有效方法。所谓高温闷棚，就是将大棚灌水后密闭，再利用太阳的高温进行棚内杂草种子的灭活，连续密闭30天以上效果最佳，棚内地表10厘米温度可以达到70℃以上，这种方法成本低、污染小、操作简单、效果好。

(3)高温堆肥灭活杂草种子

堆肥是将动物粪便(主要提供氮源)等与有机物秸秆、杂草(提供碳源),依照合理的比例混合自然发酵,有机物在分解过程中会释放大量的热量,这使得堆肥池在一段时间内保持较高温度。在温度为60℃左右时,持续3天高温可以杀死禽畜粪便中的杂草种子,减少土壤中的杂草种子。

3. 利用人工控制杂草

(1)拔草

对作物中的少量杂草,可以在日常检查时直接拔掉。另外,由于拔草是一种老少咸宜的农业劳动,可以作为农业体验的一个项目,结合农耕教育,向城市中小学生开放。

(2)锄草

锄草是利用传统的锄头直接锄去杂草。这是劳动强度较大且成本非常高的农业劳动。对于没有农业经验的人来说,需要进行专业的培训。生态农场在其他杂草控制方法失败后才会采用此方法。虽然人工锄草成本高,但是锄草本身可以改善土壤环境,促进作物生长,所谓“锄下有水,锄下有火”,这也是中国传统农业劳动的一部分。

(3)火锄

针对部分耐高温作物,如番茄等,在杂草刚刚发芽时,直接利用液化气火喷头在地里快速燎过杂草,通过高温灼烧让杂草细胞壁被破坏,大量水分丧失,逐渐失绿直至死亡。用此法来处理2.5厘米以下的小草,防治效果较好。火锄作为杂草控制方法之一不宜单独使用,可与其他生态方法配合,以降低其副作用。此外,近期国外也有用激光除草的,这也可以归于火锄类,主要用于水稻生产。

四、杂草控制案例——稻鸭共养控制杂草

农场主可利用以上各类生态控草方法,结合自己农场实际条件组合使用,设计出有效的杂草控制方案。本案例是潜山市绿耕市民农园实践方法,主要用于水稻生产。

潜山市绿耕市民农园是一家位于天柱山脚下的生态农场。其东侧为山地,西侧为一条小河,南、北侧为村庄,形成了较为完善的天然隔离带。农场发展高温堆肥与盐水(泥水)选种时,注意灭活肥料、种子中的各类杂草种子,减少外源性杂草。在正式播种前一个月左右翻耕(15厘米铧犁翻耕压草)水田,将所有杂草翻到土中,转化为有机肥;在播种前5天左右再次整地,用拖拉机飞轮抓翻方式,将刚长出来的杂草嫩芽全部割断并带入土中,尽量保持地面平整。同时,对农场周边杂草进行清围,在田埂上种植豆科作物,控制杂草生长空间,增加大豆收成。

利用大苗机插或人工栽秧等方式,保持15厘米左右的水面高度,控制杂草。为控制早期杂草,农场会适度增加水稻田水的深度,形成深水压草,减少后期压力。在田埂适宜处建设鸭棚并建设1.5米宽、4米长的鸭沟,为以后鸭子活动预留空间。同时,设置围网(10~20亩为一围),为将来投入鸭苗做准备,既保护小鸭,也可以实现分群喂养。

在水稻活棵(指水稻栽活后完全成活,10天左右)以后,将经过适水性锻炼的10天以上小鸭苗放入稻田中,实施稻鸭共养。鸭苗入田前,要进行基本防疫,减轻后期可能的病害。另外,稻鸭共养品种较为重要,应选择抗病能力强的本地土鸭,如梅鸭、百日红、巢湖麻鸭等。鸭子入田后,前2周为保证鸭子生长,可在晚上增加一次鸭饲料。2周后,可

不再增加饲料，用饥饿促使鸭子不停觅食。鸭子在觅食过程中对杂草进行踩踏并形成浑水效应，杂草长势极弱，并不断被鸭采食。鸭子活动不但可以控制杂草，还可通风、采食各类害虫，因而具备防病、控虫效果。在水稻封行以后，鸭子寻食量下降，此时要适当增加饲料。

水稻灌浆勾头以后，鸭子可以转移到水塘或空稻田养殖，以免鸭子直接取食水稻。或者将鸭子赶到鸭沟中，直接捕获出售（此时鸭子接近 3 个月，已成商品鸭，可适当补饲育肥）。

鸭稻共养以后，水稻田 90%杂草可被有效控制，包括控制难度较大的水葫芦、三棱草等。但是稗、千金子、水花生等杂草仍然需要人工拔除。与此类似的还有稻虾、稻鱼共养，杂草控制效果都较为明显。

正常情况下，生态水稻平均亩产可达 350~450 千克，加工成大米后，产值约 4000 元；生态鸭 12 只，产值亩均 1200 元。稻鸭共养利润远高于常规水稻生产。

第二节　秸秆管理

秸秆原本并不是农场管理中的难题。但在农场生态技术发展尚不完备的情况下，的确存在一些秸秆管理问题。现在基层政府压力最大的秸秆焚烧就是该问题的明显反映。目前，除秸秆还田外，秸秆制气、秸秆成型燃料也是各地正在探索的解决方法。本节主要从生态视角，总结秸秆管理的主要方法。

一、制造手工艺品

在生态农场，秸秆是非常重要的加工原料，可以利用秸秆编制各种手工艺品。如草绳、草鞋、小动物玩偶、稻草人、可降解餐具等。随着城市环保理念的推广，环保产品可依赖农场各类秸秆进行生产，秸秆将不再是农民焚烧的对象，更不会是环境污染的来源。随着城市禁塑令的严格实施，农村以各类秸秆为原材料的环保手工艺品市场空间也会有所扩大。

二、作为休闲农业材料

农场秸秆不仅可以制造实用的手工艺品，还可以用于休闲农业的活动。休闲农业可以利用各类秸秆进行田园运动场铺垫、稻草秀、稻草堆艺、堆肥教学等。秸秆不仅可以使用，还可以用来娱乐。

三、过腹还田

在生态农场中，农作物秸秆质量非常好，是安全、优质的饲料，所以秸秆“过腹还田”是最佳的利用方式。一方面可以减少秸秆带来的负面影响，另一方面可以增加优质蛋白质供给，丰富人们食物种类。目前，在粮食主产区可以养殖的畜禽包括牛、羊、鹅、猪等，都可较好实现各类秸秆的“过腹还田”。

四、覆盖还田与基料还田

对于生态农场来说，利用秸秆覆盖控制杂草是较为理想的方法。因此，一部分秸秆可以堆在田边，待下季作物生长时，直接覆盖于空白处，以有效控制杂草。目前小麦秸秆粉碎覆盖还田与玉米直播技术已经在皖北普遍实施。其基本方法是：小麦秸秆收割后摆放于收割机一侧，约为1米宽；玉米利用免耕技术，实现宽窄行播种，行距60厘米，株距20~25厘米。这种小麦秸秆还田与玉米免耕直播可以实现秸秆全部还田，减少焚烧；同时，玉米苗齐、苗全，保墒效果好，可实现初步生态循环。

基料还田主要是将秸秆转化成菌类生长基料，在培养出食用菌后，其基料残渣还可以作为优质的有机肥还田。该类方法的使用取决于当地食用菌产业的发展。

五、直接粉碎还田

直接粉碎还田是目前粮食主产区的主要做法，也是生态农业发展不完善的体现。目前秸秆还田存在较多问题，一是苗黄、苗弱；二是病虫害加剧；三是土壤不实，下季作物易倒伏。产生这些问题的主要原因在于秸秆还田量较大，但碳氮比不合理，水分偏少，分解不及时且从土壤中抓取氮元素。另外，一部分有病虫害的秸秆被直接还田，导致病菌与虫卵在下季作物上加重。解决方法有以下5种：

1. 保墒

对于秸秆大量还田的地块，一定要保墒。秸秆分解的最佳湿度为60%，如果水分过少，秸秆无法及时分解。

2. 增施氮肥

秸秆分解最合理的碳氮比是(25~45)∶1，而一般秸秆碳氮比是(80~100)∶1。为提供合适的碳氮比，每亩比正常施肥量要增加7.5千克左右尿素。氮肥增施后，秸秆分解从土壤中抓取氮肥现象会弱化，从而可以有效减轻苗黄、苗弱现象。

3. 增加粉碎强度，适度深埋与镇压

秸秆粉碎到长5厘米以下，用大型机械深翻20厘米左右，减少秸秆带来的空隙，让种子与土壤充分接触，减少空苗率。播种后用农机将土地镇压一次，保证种子与土壤接触，提高发芽率。

4. 适度增加用种量

如果无法粉碎与深埋，每亩用种量要适度增加。根据不同品种与秸秆还田情况，每亩可增加种子1.5~2.5千克(不包括杂交种子)。

5. 将产生病虫害的秸秆进行高温堆肥

对于已经发生病虫害的秸秆，直接还田无疑会增加下季作物的病虫害，所以将秸秆与畜禽粪便混在一起进行高温堆肥是最可行的办法。堆肥场地可因陋就简，直接在田地角落垒起较高的平台，一层秸秆、一层粪便进行堆积，高1.6米、宽2米即可。经过高温堆肥，病虫害与杂草种子都被有效灭活，可减少草害、病害与虫害。

第三节　病害管理

种植业病害主要由病毒、细菌、真菌等微生物，以及线虫感染等造成。根据生态农业原理，如果环境健康，这些微生物一般无法感染植物，进而不会产生病害。而在环境恶化、环境不利于植物生长而更利于某种微生物生存时，该种微生物数量会快速增长，进而

造成环境中的微生物局部失衡，产生病害。因此，防治方法主要是保持环境健康，同时有针对性提升植物免疫力，并发展以毒克毒、以菌克菌等方法。

一、病害管理原则

（一）相容于环境，选择合适品种

作物与环境相容是作物自身健康的前提。根据本地的环境特征选择合适的品种是减少病害的最有效方法。农作物病害的发生，是由于农作物自身生理出现问题，抗性降低，从而有利于病害的发生和流行。种植与环境相容性较强的作物品种，其自身适应环境能力更强，因而病害更少。

（二）强化农业管理，塑造健康环境

1. 科学规划农场，建设隔离带与保育带

一个好的生态农场必须进行科学的隔离带与保育带建设。隔离带不仅是生态农场的标志，更是减少病害、隔断病害的主要手段。保育带虽然主要用于控制虫害，但也有助于控制病害。在某些时候，虫害与病害是相互影响、互相促进的。

2. 发展复合农业，发挥生态多样性

生态农场在设计产业时要避免专一化。专一化在提升机械效率的同时会显著减少生态多样性，进而加剧了病害。合理的多元化种植可以阻断病害蔓延，减少病害发生。

3. 用更多的有机肥代替化肥

目前我国农业环境破坏主要是因为用化学肥料代替了有机肥，因此健康环境打造应从用有机肥代替化肥开始。用健康的有机肥代替化肥后，土壤中因化肥滥用导致的化学残留会更少，腐殖质含量会更多，土壤的水肥储存能力更强，整个土壤层也会更健康。健康的土壤结合正确的农业生产方法，会生产出健康的农作物，最终减少甚至消除化学农药的使用。

4. 充分利用农业设施，减少病害

好的农业设施也可以减少病害。以葡萄为例，在避雨栽培的情况下，其病害显著减少；而在非避雨栽培的情况下，几乎每一次降雨都会引起病害。

（三）以防为主，以治为辅

生态防治农作物病害的理念就是通过培育健康的土壤，创造健康的环境，培养健康的作物。环境健康，大部分病害会自动减少。而一旦某些病害暴发，将会极大提高防治成本，所以日常应以防为主，以治为辅。

可通过轮作、间作、套作预防可能产生的病虫害。对于一些容易暴发病害的品种，如西瓜、生姜等，要积极通过轮作减少土壤的病原菌，预防病害；对于易于传染的病害，可以通过间作方式予以阻断；对于因高温、高湿而产生的病害，可以通过合理套作来减轻。此外，在大田中养殖一些适宜的动物，如鸭、鱼等，利用它们的活动加强通风，也可减少一定的病害。

二、病害管理原理

病害主要是因微生物之间的比例失衡导致。因此，解决病害的方法就是设法恢复微生

物之间的均衡。对于弱势的微生物种群，设法提升，这就是相生策略；而对于强势的微生物种群，设法压制，这就是相克策略。

(一)相生策略

秉持微生物之间相生相克的原理，解决病害的方法之一就是“扶正”，增强植物自身抵抗力，恢复生态平衡，自然消除疾病。

1. 利用有机肥恢复有益微生物，并增加作物抵抗力

由于长期使用化肥，土壤中微生物逐渐减少，并失去平衡。而向土壤中增施有机肥后，会让更多微生物恢复，从而形成有益的生态平衡，消除可能的病害。同时，有机肥通过均衡化的营养供给，可以使作物更加健康，进而减少病害。

2. 通过作物之间的轮作、间作、套作改善环境，调节微生物种群

植物一般会分泌各种化学物质，形成化感效应，既可以控制其他植物，也会影响到各类微生物生长。当合理利用作物之间的共生关系后，作物之间会形成相互促进的微生物种群，进而提升作物健康水平。

3. 通过均衡施肥减少病害

植物在生产过程中，不同的阶段需要的营养元素会有差异。如果某种元素缺乏严重，可能发生相应病害。因此，根据植物生长需要，针对性补充营养元素可以减少病害。例如，番茄在生长后期需要大量钙元素与硼元素，补充活性钙，可以减少脐腐病的发生。同时也可以利用酵素与其他微生物制剂调节作物自身免疫力，进而减少病害。

(二)相克策略

1. 调控环境控制病毒

对于病毒性疾病，目前尚无特效药，但只要保持良好的环境，就可以一定程度控制病毒。当植物与环境不匹配时，会导致其免疫能力下降，无法抵抗病毒侵袭。病毒性病害发病往往非常迅速，治疗难度大，因此，应以防为主，治疗为辅。

2. 以病毒克制细菌

对于部分细菌性疾病，可以通过培养噬菌体进行针对性抑制。该思路目前尚处于理论化阶段，相信在不远的未来会有相应成熟产品投入市场。

3. 以细菌克制细菌

根据研究，蜡质芽孢杆菌、枯草芽孢杆菌等细菌对其他细菌有抑制作用。不但可以压制其他细菌，还可以刺激作物自身免疫力，进而减少各类病害。

4. 以真菌克制真菌

虽然真菌具有强大感染能力，但在真菌界中也有克制真菌的相应种类。以木霉菌为例，具有感染其他真菌，并“以其为食”的能力。当不同真菌相互克制时，真菌病害会下降。

此外，线虫也是造成病害的重要致病源。而细菌、真菌也可以在一定程度上抑制线虫。

三、病害管理方法

(一)强化病害预防

对于经常性暴发的病害，要注意选育有针对性的抗病品种，通过品种的完善来预防可能的疾病。抗病品种可重点从本地传统品种中筛选。这些品种经过多年栽培，已经适应区域环境，所以抗病能力更强。

部分病害有暴发高峰，加强农业管理，在不误农时的前提下，结合天气变化，实现“错时、错峰”生产，努力错过病害高发期，可削减病害影响。

(二)及时治理病害

1. 适量使用生物农药与天然化合物

根据作物的生育期和病害发生的时期，提前利用生物制剂进行防治，如短稳杆菌、枯草芽孢杆菌、哈茨木霉菌、白僵菌、绿僵菌等。目前市场上用生物制剂防治病害的产品相应问世，如南京农业大学研发的“宁盾”系列产品在实践中具有一定的增产提质效果；市场上较为成熟的哈茨木霉菌可有效解决灰霉病、霜霉病、白粉病等真菌性病害；而作为噬菌体的病毒也可以培养作为一些超级细菌的特殊控制手段，但该方案正在研制之中。除上述微生物外，还有大量植物源农药，如大蒜、烟草等植物，经过浸泡等加工，可以成为一些病害的防治药剂。

此外，许多天然物质对病害也有较好的控制作用。以应用范围最广、时间最长的波尔多液为例，其病害防治效果并不比一般的化学农药差，而且相对环保，制作简单。波尔多液由于最早在法国波尔地区使用而得名。其制作方法简单，用 20% 的水溶解等量的生石灰，得到石灰乳，保存于容器中；再用 80% 的水溶解等量硫酸铜，得到硫酸铜溶液，保存起来。使用时，先将 2 份石灰乳提前倒入喷雾器中，再将 8 份硫酸铜溶液倒入喷雾器，其顺序不可改动，否则会形成无效沉淀物。波尔多液本身不具备杀菌作用，但其可以附着在植物表面，形成一层薄膜。当作物分泌酸性物质，或者细菌孢子萌发产生酸性物质时，波尔多液薄膜会形成铜离子，而这些铜离子可以被危害作物的细菌吸收，然后破坏细菌体内的酶，并使其蛋白质凝固，进而杀灭细菌。波尔多液因为是与蛋白质产生化学反应，所以不会产生抗性，而且药效期长，对产品品质无影响，是一种非常理想的天然防治病害药物。除波尔多液外，石硫合剂与白涂剂也具有较好的防治效果，同时对产品品质与环境没有不良影响。石硫合剂由生石灰与硫黄粉熬制而成，主要成分是多硫化钙，具有直接的杀菌作用。而石硫合剂附着在植物上后，多硫化钙与氧气、二氧化碳反应产生的硫化氢、硫黄沉淀物也有杀菌作用。石硫合剂除杀菌外，还可以控制螨类与蚧类害虫。白涂剂是由生石灰与硫黄混合而成，但无须熬制，主要用于树木刷白，还可以杀灭星天牛、叶蝉、蚜虫等树干害虫。

2. 清理

对于病害严重且无法治愈的作物，应放弃治疗，并及时清理，以防止传染其他作物。清理办法有以下几种：

(1)拔除

对病害开始发生的少数植株进行拔除，丢弃至较远区域或者直接焚烧。

(2)修剪

经济作物发生病害时，可以将病枝及时修剪，消灭病源。

(3)火烧

在秋季对少量的病残枝进行集中焚烧，破坏病原微生物使其无法越冬。

(4)高温堆肥

利用肥料发酵的高温使藏匿的病原微生物失活，也可以有效降低病害发生。

3. 利用农用酵素

可利用农场植物与红糖制作提升植物免疫力的酵素。这里的酵素是指以各种蔬菜、水果、中草药、红糖等为原材料，利用各种有益菌进行发酵，富含各类矿物质、维生素及次生代谢产物的发酵产品。在作物生病后，可通过喷洒酵素来提高作物抵抗力，治理病害。农用酵素分为加水和不加水两种。

(1)加水酵素制作流程

糖(蜂蜜、红糖、冰糖均可)、植物(各种可食无毒植物)、水的比例为1∶3∶10，即1份糖、3份植物、10份水。把植物洗净、切碎，与糖一起放入瓶中加水(需保证瓶中留有1/5空间供其发酵)。如采用普通的密封瓶，前一个月每天要经常搅拌和放气，注意千万不要将盖子拧太紧，防止胀裂。搅拌可以让酵素发酵得更好，还可以防止顶层未被液体浸到的原料变质。发酵一段时间后，瓶内往往会出现菌膜，这是菌类不断新陈代谢的结果，对品质没有负面影响。发酵时间大约持续3个月，酵素成功的检验标准是没有臭味黑毛，pH值在4以下。最好不少于6个月，发酵期越长，酵素分子越细小，植物越容易吸收。

(2)不加水酵素制作流程

准备好糖(蜂蜜、红糖、冰糖均可)、植物(各种可食无毒植物)。水果洗净，晾干表面水分，容器底部铺一层糖，再放一层植物，再铺一层糖，再铺一层植物，如此反复。需保证瓶中留有一成空间供其发酵，最后封盖。不加水酵素放糖时底层糖不要放太多，顶层的糖能把原料盖住即可。另外放水果时可以适度振荡，使水果下沉。如采用普通的密封瓶，开始1周每天要及时放出内部产生的气体。注意不要将盖子拧太紧，防止胀裂。1个月后就可使用。

酵素制作完成后，可根据作物需要进行200~500倍稀释后使用。酵素在现代农业中的使用已经逐渐普及，其作用原理包括向作物提供微量元素与营养物质、提供大量有益微生物、提供小分子有机酸、诱导植物产生抗菌肽等。有机酸可以抑制有害微生物，而有益微生物则可以占据有效生态位，减少病害发生。酵素在农业中的作用包括增产、改良土壤、促进作物生长、抗病治虫、降解农残、治理污水污泥等。由于酵素是农业中全新的生产资源，我国仍缺乏足够的基础性研究，其应用潜力尚未完全发挥。

第四节　虫害与抢食性动物管理

虫害是指各类昆虫等带来危害。而抢食性动物是指各类争食作物的鸟类、哺乳动物。我国农业目前应对虫害的主要方法是化学防治。而化学防治难免造成害虫抗性增强、环境污染加剧、农残不可代谢等系列问题。为解决上述问题，可以更多使用生态方法进行虫害防治。

一、虫害管理

(一)虫害管理原则

1. 积极利用原则

任何一种动物都有其特殊的价值，生态农场应充分利用各种动物资源。即使是完全不利于生产的害虫，也可以将其转化成农业教育或农业旅游的资源。

2. 生态共存原则

虫具有极大的抗性，人在破坏了自己生活环境的同时也未能将其全部杀灭。因此，虫害管理的最高境界就是在保证产量的前提下与其和谐共生。对于害虫主要利用天敌来进行控制，并将其压制在经济干预门槛之下。这样，害虫不会产生抗性，也不会对农场经济效益产生显著影响，人与虫实现共生。

3. 防主治辅原则

生态农场应尽量减少农药的使用，一切病虫害都以预防为主。在气候、环境发生特殊变化导致病虫害暴发时，才利用物理、化学、生态等多种方法进行治理。

(二)虫害预防方法

1. 建好生态保育带

农场害虫天敌的恢复是预防害虫的重要保障因素，而生态保育带的建设又是天敌恢复的重要措施。尤其对于单一规模化种植的作物来说，必须要有5%~20%面积的生态保育带，以促进各类天敌的快速恢复。在多样化种植的生态农场，可根据不同作物的布局适当减少生态保育带的建设。而在生态环境良好的山区与丘陵地区，可以不进行保育带的建设，仅结合农场绿化建设就可满足要求。

2. 做好农场基础设施建设

针对耕地外部地面迁入性的害虫，在作物四周挖一定深度的沟，就会有较好的拦截作用，如危害蔬菜的跳甲就可以用这种方法进行预防。另外，许多害虫会回避荧光，因此将大棚的门建成为荧光门可有效驱避害虫。建立防虫网也是有效的防虫办法，这依赖于农场基础设施的完善。对于防虫网拦截传粉昆虫的弊端，可以通过人工放置蜜蜂加以解决。

3. 农业方法

(1)改善农作物生长环境

通过为农作物创造不同的环境，对害虫进行预防。对于直接取食秸秆的害虫，可以通过在底肥中减少氮肥、增加钾肥，提升作物茎秆硬度，减少虫害。

(2)充分利用驱避、套作、陷作、轮作与错时

驱避是指在主要作物间种植一些害虫讨厌的作物，如大蒜、葱，通过这种驱避作用减少虫害。套作是指利用上茬作物所带来的天敌，防治下茬作物的害虫，如麦棉套种就是利用上茬小麦上的瓢虫来防治下茬棉花上的蚜虫。陷作指在主要作物旁边种植害虫更加喜爱的作物，将害虫吸引到这些作物上，再利用生物农药集中灭除。轮作是指在不同的年度种植完全不同的作物，改变害虫的生长节奏，减轻虫害影响。错时是指刻意提前或推后种植

作物，以期错开害虫暴发高峰，减少虫害。

（三）虫害治理方法

1. 物理方法

可利用色板与杀虫灯治理虫害。根据不同害虫的趋色性，设置不同的色板予以诱杀，如在蔬菜地里安置黄色、蓝色粘虫板，可以诱杀同翅目害虫。许多鳞翅目害虫晚上都有趋光性（沿光线一定角度飞行），可设置不同的杀虫灯予以诱杀。根据全国各地农场的实践，每个太阳能杀虫灯可较好地控制 30 亩左右面积的虫害。只不过少数益虫也具有趋光性，存在一定的副作用。

2. 生物方法

生物方法既包括投放天敌动物，也包括利用微生物、植物等方法。

投放天敌动物是最主要的方法，也是目前最为成熟的方法，已经具有良好的市场运作基础，如投放捕食螨、赤眼蜂等。根据不同的害虫类型，投入不同的天敌对害虫加以控制，保证其数量低于防治的阈值。例如，可以利用瓢虫、捕食螨、赤眼蜂、草蛉防治一些较小的害虫，如蚜虫、飞虱等；利用鸡、鸭、鱼去控制螟虫、蝗虫、茶尺蠖等。目前，南方非常成熟的稻鸭共养模式就是在虫害严重的田块投放鸭子进行害虫控制，这是我国明代就已经普遍使用的方法。

使用微生物方法是指利用各类细菌与真菌感染各类害虫，进而起到控制虫害作用。利用植物控制害虫的方法主要指诱集与诱杀。如香根草可以诱集多类螟虫，并且可以分泌有毒物质毒杀害虫。在田埂四周种植香根草可以减少 50%~70%的水稻螟虫。当然也可诱集后用生物农药灭杀。

由于微生物农药对于一般生态农场来说，自己制作较难，所以市场上有相对成熟的商品化制剂。在害虫暴发严重的情况下，适当使用生物农药制剂进行治理是合理的，如使用绿僵菌、白僵菌、Bt 毒素等已经成熟的商品化活体制剂，难度小、成本低，是化学农药较好的替代品。

3. 化学防治方法

虽然现在的化学农药导致各种环境问题与人类健康问题，但是一些天然化学物质仍然可以作为农药使用。此外，利用性诱剂诱杀害虫也是经常使用的化学防治方法。

4. 其他方法

在虫害对产量影响不大的情况下，可采用“忍受”策略，使其成为天敌的食物，维持农场中的天敌；对于已经无法挽回的损失，要果断放弃作物，可自然抛弃或集中处理，也可用于高温堆肥；人工捕捉虽然低效，但仍然是一种可供利用的方法，也可以将其作为自然教育的资料之一。

二、抢食性动物管理

抢食性动物包括鼠类、鸟类、野猪、兔类等。这些野生动物有些直接取食播到地里的种子，有些取食成熟的庄稼或者嫩苗，有些是为了一些尚不明确的特殊目的（部分农民发现鸟鹊拔嫩苗并非为了食用，可能是满足自己的好奇心或者娱乐）。对于抢食性动物，农民多用拌农药的方法控制鼠类与鸟类抢食种子，或者采用化学农药毒杀的方法。这些措施不仅造成了环境污染，还降低了产品质量，并带来一定的健康风险。因此，对于抢食性动物的管理，依然可以采用生态方法。

(一)制作泥土包衣种子

目前种子包衣技术已经非常成熟，但部分包衣农药具有高残留性，降低产品质量。因此，可以采用泥土包衣的做法，形成内有种子的泥土丸子。由于泥土与种子紧密相连，一般无法有效将其分离，所以抢食性动物会放弃取食。这样，既可以保护种子，又可以减轻化学农药带来的危害。泥土包衣需要工业部门进行相关设备的研发，并且鼓励农民使用。现在少数农场以手工方法制作泥土丸子，效率非常低。

(二)用网、陷阱、声音等驱避、诱捕抢食性动物

对于抢食性的鸟类与其他动物，可以在作物周边架设尼龙网直接拦截。如果抢食性动物是体型较大的动物，如野猪等，可以架设低压电网直接驱离。对于鸟类，可以架设高空网进行拦截。也可以利用鹰眼气球、稻草人、猛兽声音进行吓阻。现代电子设备较为发达，可以利用音响发出各类天敌声音对动物进行驱避。但是，由于动物也具有学习能力，这些方法需要不断更新。另外，研究表明，一些动物有自己"方言"，在南方能起驱避作用的声音，在北方未必有作用。这需要农民自己摸索，最终找到合适、高效的方法。

可以利用现代工具诱捕野生动物。诱捕的野生动物可以用于研学教育，帮助孩子认识与了解自然。但根据相关规定，农场诱捕野生动物不得用于交易与食用。此外，农场在进行诱捕时也要考虑野生动物是否是国家重点保护动物。如野猪，虽然危害很大，但目前还是国家重点保护动物，不得随意捕杀，应以驱离为主。

(三)主动给野生动物留"口粮"，保护野生动物

农场在收获时将一些边角的庄稼主动留下，配合隔离带与保育带的植物，可以给各类动物留下助其过冬的食物。在食物相对充足的情况下，动物会减少抢食庄稼的冒险行为。另外，主动为野生动物留下食物，也是保证及时消灭翌年虫害的有效方法。优秀的生态农场管理者把相生作为重要的理念贯彻于农场管理的各个方面。

知识拓展

日本自然农法介绍

日本自然农法源自道家的无为而治思想，是遵循自然规律，充分利用自然力量发展农业生产的一种农业经营模式，有别于现在西方哲学思想所指导的科学农业(人本思想)。日本的自然农法强调免耕、免肥、免药、免除草剂。

一、自然农法特征与理论依据

(一)不耕田

自然农法因为用三叶草控制其他杂草，所以无须通过翻地来控制杂草。同时，自然农法田中有非常多的生物，它们可以通过自身特性帮助松土，如蚯蚓与紫花苜蓿(根深达

2 米)，所以也无须耕地。此外，不耕田可以大幅降低农业成本，也可更好地保护耕地。

(二)不施化肥

不使用化学肥料，但仍然需要施用一定量的有机肥。根据福冈正信计算，如果所有秸秆(小麦与水稻)全部还田，每亩再施用 300 千克左右粪肥即可。

(三)不打药

依靠良好的生态环境与天敌系统，作物生病少、虫害少，所以无须使用农药。对于少量的病虫害，只要能承受，可不用防治。

(四)不除草

依靠三叶草与稻麦免耕直播，杂草没有成长的空间与机会，所以无须除草。三叶草可以帮助控制耕地其他杂草，而稻麦连作直播没有给杂草生长空间与时间，所以杂草相对较少。

(五)使用泥土丸子

水稻与小麦种子因为长期直接播在田里，极易被小动物获取，所以种子必须要用泥土包裹，这就是泥土丸子。福冈正信所用的泥土丸子多是手工完成，难度较大。现在可用机械完成，类似于种子包衣，一般泥土丸子直径约 1 厘米，用黏土包裹若干种子。

在天气正常的情况下，自然农法的产量可达石化农业产量的 90%～100%。这与美国 CSA 农场使用生态方法 5 年后的产量接近。毕竟对产量起决定作用的是种子、水肥、气候，而不是农药与化肥。福冈正信在 20 世纪 70 年代就可以达到亩均 400 千克的产量，与现代有机水稻产量接近，已经是相当不错的成绩了。

二、稻麦免耕直播操作过程

日本自然农法以福冈正信稻麦免耕直播为代表。福冈位于日本四国岛爱媛县，约北纬 33°。福冈正信稻麦免耕直播主要流程与技术要点如下：

①10 月上旬在稻田里播散三叶草种子，每亩 350 克左右。其作用与中国传统的紫云英种子类似，主要是控制杂草。

②10 月中旬(割稻前 2 周)每亩撒播 7 千克小麦种子。小麦种子以泥土丸子的形式撒入田中，相当于直播。

③10 月下旬割稻的同时对三叶草与小麦苗进行踩踏，助其扎根。将稻草随意撒在田中，全部还田。

④11 月中旬以后将 7 千克稻种制作成泥土丸子撒在田中。每亩田施 300 千克左右鸡粪(或其他粪肥)。第二年 5 月收割麦子，6、7 月每周在稻田中灌一次水，8 月灌浅水，直到收获。

思考题

1. 如何在不用除草剂的情况下，较好地控制住农田杂草？

2. 在不使用化学杀虫剂的条件下，如何控制农田中的害虫？

3. 认识当地作物的主要病害，在掌握其发生规律的基础上设计一套生态防控方案，并在实习农场进行实践。

第七章 养殖管理

第一节 生态养殖概述

一、高密度养殖导致的问题

高密度养殖是指以低成本为导向的高密度、大规模养殖模式。高密度养殖目标是降低成本。为了更好地满足消费者的肉食需求，现代养殖企业往往以增加养殖规模为基础，以增加养殖密度、减少畜禽活动量为手段，不断降低养殖成本。高密度养殖模式下，畜禽健康受到极大影响，所以必须要使用各类抗生素与激素作为应对手段，难免产生环境污染并降低肉制品质量。

(一) 抗生素超标

在规模化养殖过程中，多数养殖主体为了低成本控制可能发生的疾病风险，会在畜禽日常的饲料中添加抗生素。这使得部分畜禽产品及其粪便中有抗生素残留。不仅如此，这些超标的抗生素还导致一些耐药细菌产生，进而威胁人类的身体健康，是巨大的隐患。

(二) 粪便中重金属超标

畜禽粪便原本是优质的有机肥。但是少数养殖主体为了加速畜禽生长速度，或使畜禽看起来更健康，在饲料中添加了过量的砷、铜等金属元素。这使粪便中的重金属含量超过国家标准，不宜作为有机肥使用。

(三) 激素超标

少数养殖主体为使畜禽产品长得更快、更重，在饲料中添加各类生长激素、瘦肉精等违禁激素类产品。这些违禁激素类产品的使用虽然降低了成本，但显著降低了畜禽产品质量。

(四) 环境污染

畜禽养殖中使用的抗生素、重金属、激素等，最终都会进入生态系统，污染水体、空气与土壤。

(五) 肉制品质量下降

由于养殖时间缩短，一些需要长时间才能形成的风味物质会显著减少，降低了肉制品口感，使质量有所降低。此外，各类违禁物质的使用也显著降低了肉制品质量，并使消费者健康受到了一定的负面影响。

二、从高密度养殖到生态养殖

我国推行高密度养殖的根本原因在于市场对低成本肉制品的强大需求。人们不仅要食用肉制品，还希望价格低廉。而现在随着人们生活水平提高，更要求吃得好。收入越高，人们越重视健康，价格敏感性也就越低。这是生态养殖得以恢复的重要基础与前提条件。与高密度、大规模养殖相比，生态养殖并不追求极致的成本降低与产量增加，而是充分发挥生态系统内部的相生相克规律，重点利用畜禽自身的免疫能力，解决抗生素、重金属与激素超标等系列问题，进而提升产品质量，消除环境污染。

三、生态养殖模式

根据生态养殖理念，农场可以根据具体情况采用不同的养殖模式。

(一) 复合养殖模式

在没有足够养殖空间的情况下，为提升单位产量与维护生态平衡，可以积极发展复合养殖模式，即将不同的动物根据其特征进行立体布局养殖。立体养殖可以在不同的动物间形成一定的循环，进而减少成本，提升质量。

1. 鸭鱼共养模式

该模式较适合相对独立的塘坝。在塘埂旁边建鸭棚，供鸭活动与休息。以鸭粪养殖浮游生物，以浮游生物养殖塘坝水体的中上层鱼(鲢、鳙等)，以鸭的食物残渣与其他有机物养底层鱼(鲫、鳊等)，得到鱼鸭共收的结果。投放的鱼苗要有一定规格，确保不被鸭吃掉。另外，鸭必定会吃掉一些小杂鱼、病弱鱼，能维持良好的环境，同时可降低一定的饲料成本。

2. 牛-蚯蚓-鱼复合养殖模式

农场主要动物为奶牛，奶牛的粪便可以用来养殖蚯蚓，部分蚯蚓与粪便可用来养鱼。复合养殖不仅化解了农场污染问题，还可以增加养殖产出，增加农场利润。

(二) 种养结合模式

种养结合是广大农村地区发展养殖业的最佳模式，也是生态农业发展的经典模式。根据不同的种养品种，该模式可以细分为多种类型。

1. 粮猪结合模式

这是我国传统农业小农经济最重要的模式，也是“家”字写法的来源。在粮猪结合模式中，农作物秸秆、麸糠及厨余都是猪的饲料；而猪肉成为人类的美食，猪粪则成为粮食生产的肥料。这个循环相对封闭，可实现农业的可持续发展。粮猪结合模式是当今可持续发展的核心模式之一。编者近几年持续调研发现，即使是现代化的大型养猪场，也可以将沼液通过管道铺设到大田，实现更高层次的种养结合。

2. 稻鸭共养模式

该模式也是我国传统农业模式之一。我国自明代就有了专业化的肉鸭养殖主体，通过向水稻种植户出租鸭子，帮助种植户除草、捉虫、施肥。稻鸭共养模式可以节省农药费用，同时还可收获一定数量的生态鸭，实现生态效益与经济效益双提升。

3. 草畜粮食循环模式

该模式是将粮食秸秆转化成草畜饲料，然后实现粮食与草畜协同发展。本模式下可以将难以消化的秸秆进行氨化，以膨胀其细胞壁，便于草畜消化。但如果使用的是有机标准，则建议青储(避免使用化学产品)。将带青的秸秆青储起来，进行发酵，成为草畜的最佳饲料。而草畜的粪便与秸秆堆肥发酵后再返回农田，可实现种养循环。

(三)圈牧结合模式

圈牧结合模式是指在有一定放牧条件的区域，为提升养殖畜禽的健康水平，将圈养与牧养结合起来。圈牧结合模式在牧场设计方面需独具匠心，根据养殖草畜的数量与特征，为每个养殖圈的牲畜设计一定范围的活动空间，并在活动空间中种植牧草，让牲畜采食与活动，保证牲畜健康。在牧草不够的情况下，将农作物秸秆转化成饲料，通过圈养方式进行喂养。圈牧结合模式既为牲畜提供一定的活动空间，保证其健康，又可以节省放牧成本，增加养殖利润，是广大农区发展畜牧业的重要补充模式。为保证牲畜健康，圈牧结合模式中，一般采用发酵床技术建设养殖棚圈。

第二节　生态养殖管理流程

一、生态养殖选址与圈舍建设

生态养殖充分利用发酵床技术，对环境影响较小，所以养殖选址要求总体不高。但为方便管理与控制可能出现的疫病，养殖地点要距离村庄居住点、重要水源、交通要道1千米以上。如果能利用地形与周边地区天然隔离，则效果更好。考虑到发酵床怕水渍，所以养殖地点必须排水通畅，且将地下水位控制在发酵床地面1米以下。如果所在地区降水量较大，地下水位难以控制，则可以通过围墙建立地上发酵床，此时地址选择的重要性降低，但成本会显著上升。另外，任何畜禽养殖都需要清洁水源，独立、清洁的水源也是必须考虑的重要问题之一。

圈舍建设以简便实用为佳，要预留圈门与足够的畜禽活动空间，实现圈牧结合。羊圈、猪圈、牛圈可利用不同圈门，实现分时、分区的放牧与圈养相结合。条件不允许时，也可利用特殊设施实现区域轮牧，如肉鸡养殖可考虑利用可移动鸡舍进行轮牧。因为畜禽都有既定的活动距离，所以要增强畜禽控草、治虫规模与效果，需要利用轮牧等方法加以辅助。

二、生态养殖品种选择

近几年，我国养殖业为了降低成本，从国外引进了大量成长快、产量高的品种。但由于这些品种与国内生态环境不匹配，存在抗病能力差、不耐粗饲料、肉质差等问题。为了更好地实现种养循环，降低养殖成本，提高肉质与口感，养殖品种应首选地方传统品种，尤其是传统名优品种。虽然有些品种养殖时间长、成长速度慢，但由于其耐粗饲料、抗病能力强，完全适应环境，所以饲料成本、疾病防控成本反而更低，再加上口感更适应本地市场，其市场需求会越来越大。

另外，部分地方品种不仅可以食用，还具有“劳役”价值。如皖南本地的百日红麻鸭，不仅抗病能力强，还因体型小、灵活性强、体力好，成为稻鸭共养首选品种；而江淮水牛更是自古以来农民耕地的主要动力，且性格温顺，具有研学开发的巨大潜力。

三、饲料管理

国外现代养殖为追求高产与速度，强行给草畜喂食大量的蛋白质饲料，如大豆、玉米等，反而影响了畜禽健康，增加了疾病风险。而生态养殖为实现种养循环，会将更多的秸秆转化成饲料。对于草食性牲畜而言，一定是以干草等粗饲料为主，搭配一定的鲜饲料与高精蛋白饲料。在特殊条件下，甚至要减少、停止精饲料使用，让牲畜自行采食杂草等。例如，为了让役鸭有更强的动力踩、食杂草与害虫，可在鸭子下田半个月左右停喂饲料，以饥饿驱使役鸭进行跑动。皖南地区养殖的本地特有品种黄山小黄牛则无须投喂任何饲料，全部散养在山上，农民平时也较少管理，销售前才将商品牛从山中找回。

四、防疫与疾病管理

为减少各类化学药品使用，畜禽养殖要重视防疫。根据养殖品种不同，分别在各个阶段注射相应防疫针。同时，注重畜禽日常管理，保证空气、水源、饲料健康，做好分时放牧，提升畜禽健康水平。

发挥中草药的作用，实现"无抗"养殖。在日常喂养中，根据地理区位特征，投喂一些中草药。如华南地区养殖户可以给畜禽定期投喂断肠草（钩吻）。断肠草对人有剧毒，两三片新鲜叶片即可致人死亡，但是对牛、羊、猪、鸡等畜禽无害，定期投喂该草药反而会使它们长得又肥又壮，且具有驱虫、防病等功效。因此，在华南地区断肠草有"猪人参"之称。需要注意的是，该草药对人威胁甚大，传说神农氏尝百草，遇毒则以茶解之，但最终却死于该草，可见其毒性之大。除断肠草外，桔梗、小柴胡等草药也具有不同功效，养殖户可以进行种植，并在不同阶段投喂给畜禽，减少抗生素使用，保证畜禽健康。

五、粪便管理

养殖企业建立堆肥池，及时将粪便清理到堆肥池中，与各类秸秆、杂草进行堆肥，形成的有机肥供农场种植业使用，或者用于对外销售。

第三节　种养循环与微生物管理

一、种养循环的概念与意义

种养循环是指种植业与养殖业之间能量与物质的循环利用。在种养循环中，种植业副产品作为养殖业饲料，而养殖业粪便作为种植业肥料，形成企业或区域内部完整的能量与物质循环。

种养循环的意义有以下 3 个方面。

（一）种养循环是实现我国现代农业化的基本路径

现代化的农业至少应该满足两个条件：一是可以为社会提供充足的安全、健康的食物；二是可以保护环境。种养循环不但可以降低现代种植、养殖成本，还可提升农产品质量，更为重要的是，可以保护环境，在环境污染不加剧并逐步减少的基础上，实现上述目标。因此，种养循环是实现我国农业现代化的基本路径。

(二) 种养循环可以降低生态农产品生产成本

现代市场上的生态农产品价格多为普通农产品的 3~5 倍，这将许多消费者排除在优质农产品消费之外。而在某个区域内部发展种养循环，实现全域有机，可将生态农产品价格降到普通农产品的 1.5 倍之内，更好地满足消费者对健康食品的需求。

(三) 种养循环可全面解决我国粮食安全问题

种养循环实现后，可以以较低成本提供丰富的食物，从而在数量安全与质量安全两个维度上全面解决食物安全问题。

二、微生物管理与种养循环实现

微生物是细菌、病毒、真菌以及其他微小生物的统称。微生物管理则是通过菌种投放，能量供给，湿度、温度控制等方法，对微生物种群结构与数量进行控制。微生物管理是生态农场种养循环的重要环节，必须给予足够重视。

种养循环意义重大，但我国种养循环因为技术问题并未全面实现。以生猪养殖为例，一些地方政府因为环境污染而不支持该产业。解决此问题的方法是重视农场微生物管理，形成种养接口技术，将畜禽粪便通过发酵转化成有机肥；同时，通过微生物发酵，将一些不便消化的秸秆转化成畜禽可以消化的饲料。目前，我国种养循环接口技术中，发酵床养殖是非常成熟且有效的技术。

三、发酵床养殖

(一) 发酵床养殖原理

发酵床可以理解为一个高效运转的特制堆肥池。其原理是利用有益微生物分解高碳原料与高氮的畜禽粪便，通过发酵将畜禽粪便与高碳原料全部转化成有机肥。只要发酵床碳氮比设置合理，整个圈舍就没有臭味，畜禽生活环境也会较为舒适。所以，发酵床是一种非常理想的畜禽养殖圈舍。

(二) 发酵床养殖意义

1. 降低成本，无须每天清扫猪圈，减少臭味与工作量

发酵床垫料都是高碳材料，可以与含氮较高的粪便综合发酵，不但可以免去每天的清粪工作，还可将粪便中的氮元素吸收，不产生臭味。

2. 美化环境，增加畜禽活动量，提升畜禽健康水平

发酵床清洁卫生，美观舒适，且无异味。科学规划与制作的发酵床干湿合理，粪尿都可以及时分解。对于畜禽而言，发酵床远比水泥圈舍舒适。此外，发酵床在制作过程中，可以适当加入菌种，在条件合适的情况下，菌种萌发生长成各种可口的菌类。畜禽可以在发酵床内通过刨、拱等方式获得食物，增加活动量，使得畜禽更加健康。

3. 污染零排放，可生产优质有机肥

发酵床中的所有粪尿都被垫料吸收，不会产生臭气，所以对环境零污染。不仅如此，由各类秸秆构成的高碳材料与高氮粪便结合后还会产生优质的有机肥，使生态农场种养循

环更加容易。发酵床床体可根据需要半年到一年清理一次，清理出来的有机肥可以直接使用。

(三)养殖业发酵床制作

发酵床是生态养殖的重要基础。但在我国，尤其是南方地区，发酵床养殖多以失败而告终。根据在安徽的调查，主要原因有两点：一是所选菌种活力不强，二是地下水位过高。地下水位问题应该在养殖选址时解决。而因为菌种活力不强导致的发酵床失败主要是因为菌种购自日本与韩国。这些纬度的菌种在我国北方有较强的适应能力，但到我国南方则无法适应当地环境。解决办法是鼓励农民自己就地采集土著微生物。以下的发酵床制作方法就是基于农场主采集设计的。

1. 发酵床微生物采集

(1)采集1号土著微生物

将水分含量较低的米饭置于木盒中，用宣纸封好，如图7-1所示。为采集到本地土著微生物，可将米饭埋到本地的竹林、树林的地下，这些地方是土著微生物的“宝库”。在天气寒冷的情况下，将这些肥沃的土壤、枯枝烂叶用袋子装回，置于农场大棚墙角等地，并将米饭盒放入其中，同样可以采集到土著微生物。

图7-1 1号土著微生物采集

用草叶及腐殖土覆盖米饭盒，放置4~10天后拿出。此时可发现米饭上面有大量的白色菌丝，这表明采摘微生物成功。如果是黑色的菌丝，表明没有采集到理想的微生物。在土著微生物中，好气性微生物多为白色，用于制作发酵床的微生物以好气性为佳(图7-2)。

图 7-2　棚内 1 号土著微生物采集

(2)采集 2 号土著微生物

将 1 号土著微生物和红糖以 1∶1 比例混合即为 2 号土著微生物(图 7-3)。此时 1 号土著微生物本身因为发酵，已经含有大量水分，加入红糖的目的是给微生物提供更多能量，供其繁殖。此时的 2 号土著微生物具有强大的繁殖能力，为浓稠状物。这是为采集 3 号土著微生物做准备。

图 7-3　2 号土著微生物采集

(3)采集 3 号土著微生物

2 号土著微生物用水稀释 500 倍，然后与粉碎的秸秆、锯末、稻壳、米汤等混合，加水至混合材料含水率 60%时(用手攥住可从指缝中漏出水珠)，覆盖发酵。1 周后可发现材料堆出现白色菌丝，这就是 3 号土著微生物(图 7-4)。

图 7-4　3 号土著微生物采集

土著微生物在发酵过程中务必要有覆盖，一是怕雨水降温，二是怕水分过量导致好气性微生物无法生长。覆盖的 3 号土著微生物及成品如图 7-5 所示。

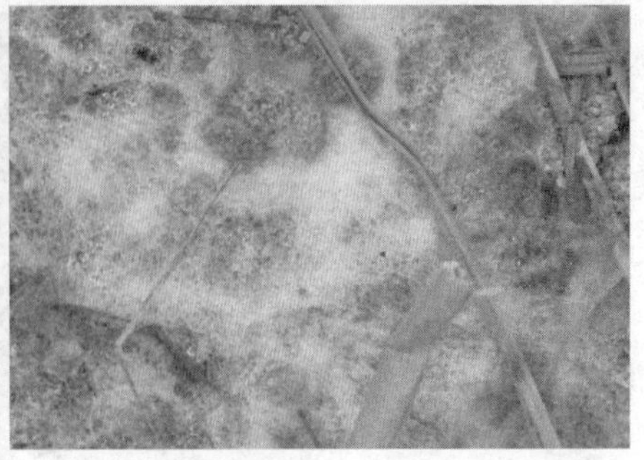

图 7-5　覆盖的 3 号土著微生物及成品

(4) 采集 4 号土著微生物

3 号土著微生物与清洁的黄土按 1 : 1 比例混合，然后覆盖，1 周后可采集成活力强劲的 4 号土著微生物(有白色菌丝出现，图 7-6)，这是制作发酵床的基础。

图 7-6　4 号土著微生物采集

2. 发酵床制作

(1) 制作发酵床床体

单个发酵床面积不低于 20 平方米，深度不低于 80 厘米，这是保证发酵床温度的最低要求。床体可以通过向下挖或者在地面向上垒两种方式制作。依据地下水位确定制作方式，如果地下水位太高，则不向下挖发酵床床体，而应在地面通过垒砖，向上建床体，这样才可保证发酵床水分控制在 60% 左右，避免秦岭淮河一线以南地区出现“死床”现象。发酵床具体面积由养殖规模确定，每头猪养殖面积不低于 2 平方米；羊、鸡、牛等畜禽根据其放牧面积综合确定，一般分别不低于 1 平方米、0. 25 平方米、4 平方米。为节省人工，发酵床床体制作时要预留小型铲车进出的通道，以便及时清运垫料。

(2) 制作垫料

垫料以高碳材料为主，可配合当地材料混合使用，一般包括锯末、稻壳、秸秆粉末、米糠等。将制作好的垫料与 4 号土著微生物按 5 : 1 比例混合，加水至 50%(手抓可成团，松手即散，手上有湿润的感觉，指缝无水渗出)，直接在发酵床中间发酵 1 周。待温度明显下降后，再将垫料均匀铺入发酵床床体中。垫料要适当高于床体，待畜禽进入后会自然下降。

(3) 日常维护

根据畜禽排粪情况，每隔 3~5 天翻整一次。如果过干可以适当加入水分，保证没有灰尘。在雨季一定要做好排水，保证发酵床正常运转。在垫料下陷幅度较大，或者清理出部分垫料后，适当补充新的垫料。发酵床可以根据整体发酵情况，2~3 年清理一次。

知识拓展

茶园病虫害管理实例

（一）打造生态多样性

茶园是害虫的温床，而茶园之外的区域则是害虫天敌的栖息地，所以必须在茶园形成多样化的生态环境，为天敌形成创造条件，保护茶树品种的多样性。可以通过间作、套作形成多样化茶园，形成稳定的茶树生态系统。

（二）合理采摘

通过茶树的及时采摘，清除趋嫩性的害虫及其卵，从而减少危害。适当勤采、粗采对治理害虫有较大帮助。也可通过定期修剪，将一些害虫清除而减少危害。

（三）土壤耕作

茶园鳞翅目害虫的蛹一般都在茶园浅土层过冬，刺蛾类害虫多在茶丛枯枝落叶和土壤缝隙中过冬，而茶丽纹象甲、尺蠖、茶短须螨等都在浅土中以蛹的形式越冬，通过深翻可以将其消灭。此外，一些病原菌也会被树叶带到深土中而死亡。

（四）物理防治

用黑光灯诱捕尺蠖类、蛾类害虫；采用色板诱捕，如用黄板诱捕茶蚜、茶小绿叶蝉、黑刺粉虱等害虫，用绿板捕茶蚜，用蓝板捕小绿叶蝉。

（五）平衡施肥

增施有机肥可以增强茶树对蚧、螨类的抗性，增施磷、钾肥可增强茶树对病害的抗性。

（六）其他方法

1. 人工捕杀

对于部分害虫，如天牛，可以直接捕杀；如地老虎，可用糖醋液捕杀；茶毛虫转株取食茶叶，可挖地沟捕杀。

2. 天敌除虫

利用蜻、蜘蛛、捕食螨等捕食性昆虫控制蚜虫、叶蝉、茶尺蠖等。利用赤眼蜂治理小卷叶蛾、茶卷叶蛾等害虫。

3. 利用微生物治虫

利用白僵菌、绿僵菌控制鳞翅目、鞘翅目害虫。利用拟青霉孢子液治理茶尺蠖；利用 Bt 治理鳞翅目害虫；利用茶尺蠖 NPV 病毒控制尺蠖类、蛾类害虫。

思考题

1. 如何才能实现生态养殖？如何才能降低生态养殖成本？
2. 发酵床养殖技术原理是什么？如何才能在南方推广发酵床？
3. 为自己喜爱的动物设计一套生态养殖规程。

第八章　生态农场生活性服务业管理

农场服务业包括生产性服务业与生活性服务业两部分。生产性服务业主要是各类生产活动，包括农资购买、产品销售、农机服务、农技服务等，既可以是农场向外提供的服务，也可以是农场采购的服务。几乎所有农场都有生产性服务业，这并不是生态农场的独有业务，在此不做重点论述。生活性服务业主要是指农场研学、体验与休闲、餐饮、住宿等以生活性消费为主的业务，是农场服务于社会的全新业务，这是生态农场所特有的业务，本章将重点论述。农场之所以要发展生活性服务业，主要有两个方面的原因：一是消费者的内在需求；二是农场发展的客观需要。在某种程度上，农业体验不仅使人身体更加健康，而且会使人的精神成长更加全面、强大。同时，生态农场要想解决生产者与消费者之间的信任问题，也需要消费者来到农场，进行深度体验。农场生活性服务业不仅满足了消费者的需要，还可以发展餐饮、住宿等产业，形成农场新的利润点。

第一节　农场研学管理

一、农场研学含义

研学也称为研究性实践教育，有广义与狭义之分。广义的研学旅行是指一切以研究性学习为目标的旅行，可以理解为基于实践的研究性学习，是研学概念更为本质的体现，区别于校园内的讲授式学习。狭义的研学旅行特指面向中小学生，由学校组织的，作为学生综合实践活动课程教学内容的集体外出旅游活动。研学旅行教育是对传统应试教育模式的突破，使得旅行和教育相结合，以寓学于乐的方式提升孩子的学习兴趣，是我国“读万卷书，行万里路”教育理念在当今的具体体现。

农场研学是指以自然资源、农业资源、传统文化等为教学内容，以广大中小学生为服务对象，以提升学生综合素质为目标的教学活动，是农场服务业的重要组成部分。

根据教育部等11部门印发《关于推行中小学生研学旅行的意见》，研学旅行是提升中小学生综合素质的重要课程，各中小学校应统筹考虑，使之与学校现有课程有机融为一体。生态农场作为现代农业新型经营主体，在提供各类研学活动方面具有独特的优势，是中小学开展研学旅行的理想场所之一。

二、农场研学意义

(一)弥补学校教育的不足，满足青少年健康成长需要

现在学校的基础教育与孩子的成长过程并不匹配。作为孩子，在大自然中锻炼会更有利于促进免疫系统发育与身体素质提升，也更有利于各项技能的学习。孩子天生活泼，但大部分学习时间只能在学校听课、学习，而不能在大自然中认识动物、植物，更不能亲自去体验捕鱼、采摘等活动。孩子内在成长需求与当今的教育供给脱节。生态农场如果可以发展研学，将极大地弥补传统学校教育的不足，培养出德智体美劳全面发展的优秀人才。例如，在孩子刚刚具备制作工具的能力时，训练孩子打制石器、蚌镰；在孩子具有精细操作能力时，教孩子纺纱织布；在需要培养孩子勇敢精神的时候，鼓励他们勇敢接触具有一定攻击性的动物，如大鹅、水牛等。

(二)增强少年儿童免疫力

人的免疫系统需要通过锻炼逐步完善。在城市人工环境中，由于孩子安全接触各种有益微生物机会较少，其免疫系统完善时间会更长。让儿童到自然界中安全接触各种微生物，有助于完善免疫系统。生态农场若环境健康，可以鼓励孩子接触土壤、水以及动植物，进而安全接触各种微生物，刺激免疫系统，助其完善。

(三)提升青少年心理素质

生态农场研学可以给学生提供各种锻炼的机会，让青少年在劳动、意志、人际沟通、艺术等不同领域获得成长机会，从而让其更容易感受到成功的喜悦，全面激发学生潜能，形成强大的心理素质。青少年心理素质越强大，其未来在遭受打击后抑郁的可能性越小。

(四)传承传统文化，丰富城乡居民生活，实施爱国主义教育

由于我国很多传统文化都源于农业与农村，所以发展农场研学可以更好地传承传统文化。文化传承可以丰富城乡居民生活，提升人们幸福指数。此外，一些优秀的文化传承，尤其是红色文化，还是非常好的爱国主义教育素材。发展研学活动，可以将团队精神、爱国主义教育融合起来，发挥出巨大的社会效益。

(五)建立消费者与生产者相互信任机制，形成生态农场稳定盈利点

研学教育作为新兴旅游产业，更容易成为农场发展的盈利点。对于农场来说，可以通过研学将农场与家庭连接起来，逐步建立生产者与消费者之间的信任。

值得注意的是，研学对象并不仅仅是中小学生，部分成人也是农场研学的服务对象。但由于这不是主要群体，在此不重点介绍。

三、农场研学内容

年龄阶段不同，对知识的要求程度及关注的成长点不同。农场研学大致可以分为以下3类：自然教育、农业教育、传统文化教育。

(一)自然教育

1. 服务对象

自然教育主要面向6周岁以下儿童，通过在自然中游戏，理解自然、认知自然、增强

免疫力。同时，自然教育也适合部分特殊成人。一部分以创新为主的“创客”可以在自然中获得更多灵感；另外，自然教育也可以帮助一部分心灵受到创伤的成年人恢复身心健康。

2. 自然教育内容

(1) 自然认知与接触

通过视、听、嗅、味、触认识自然、感知自然、学习自然。认知自然的活动非常丰富，如感知天象、观察植动物、体验山水等。

(2) 自然游戏

充分利用自然环境中的地形与材料，设计各类游戏活动。如爬树、戏水、穿越丛林等。通过游戏，拉近孩子之间的距离，提高人际沟通能力。除游戏外，还可以模拟人类在自然中的演化进程，通过游泳、爬行、跳跃、跑步、走路等方式进行锻炼，激发人类的各层级原始潜能。

(3) 自然创作

向自然学习，充分利用自然界中的各种材料，鼓励孩子进行各类创作，如用树叶作画、用土堆城堡、用树木建简易树屋、用树枝制作工具等。通过自然创作提高孩子的动手能力、观察能力。

(二) 农业教育

1. 服务对象

6~12 岁儿童是农业教育的主要对象，将小学科学课程教学与农业教育相结合，使学生掌握基本的农业知识与食品安全知识，为后续学习打下良好基础。

2. 项目内容设计

根据条件，农业教育可以分为农业认知教育、农业体验教育、农业创新教育以及食物与烹饪教育等。

(1) 农业认知教育

通过简单的接触、介绍，让孩子认识农业中的各类生物，了解农业知识与文化。具体包括：微生物教育，认识细菌、真菌、病毒以及其导致的各种动植物病害；植物教育，认识各类植物及其产品，尤其是重要的农产品，如小麦、水稻、玉米、韭菜、水果等；动物教育，认识各类动物，了解其习性。

(2) 农业体验教育

农业体验教育是指让孩子亲身参与到农业生产活动中，通过实际体验增长知识，掌握基本的农业知识。农业体验具体包括插秧、除草、采摘、农产品加工等。

(3) 农业创新教育

鼓励孩子发挥其天然的想象能力，利用农业知识进行各种简单的创新活动，如进行插花设计、编织设计、农田景观设计、农产品形状设计等。农业创新教育与农产品销售要紧密地联系在一起，如儿童设计的盆栽水稻与金鱼共养产品。

(4) 食物教育

在学习农业知识的基础上，让孩子了解动植物作为食品的特点与功能，让其明白动植物生长与食品的关系，明白食物的来源及其与健康的关系。如学习我国传统食物观中的

“五谷为养，五果为助，五畜为益，五菜为充”。

(5)烹饪教育

从原始社会的直接用火烧，到后期的用鬲煮，再到用铁锅炒，全都可以设计成针对不同年龄段孩子的研学项目。对年龄小的孩子，让其学会挖洞、用火等基本生存能力。对于年龄较大的孩子，可以让他们自己采摘食物，学会一些实用的烹饪技能。

(三)传统文化教育

1. 服务对象

12~18岁青少年是传统文化教育的主要受众，可结合汉字、中学课程以及地域特色开发文化传承类项目。

2. 服务内容设计

传统文化既包括人们熟知的文字、武术、养生、建筑、手工，也包括具有地域性特色的舞龙、舞狮、高跷、戏曲等。由于汉字是所有文化的载体，所以农场传统教育可以以汉字为导引，结合区域文化与地理特色进行设计，形成各具特色的项目。此外，国内也有生态农场探索了手工、射箭等传统文化研学项目。

四、管理策略

(一)设计策略

1. 根据区域特色设计独特的自然体验项目

自然体验项目的设计应突出复古和独特的特点。复古是指使用传统工具，或具有文化特色的现代生活中不常见的事物，如丛林中的秋千、日出而作日落而息的生活状态等。独特则是指与别处不同，拒绝千篇一律，一定要将传统的特色与地域文化体现出来，如江南水乡可以设计划龙舟、捕鱼等研学项目，而淮海平原农区则可以设计红色教育、面食制作等研学项目。

2. 根据不同服务对象设计服务项目

不同的服务对象有不同需求，可根据服务对象的需求，灵活设计相关服务项目。

(二)宣传策略

1. 宣传同步

线上加线下的宣传模式灵活实用。在线上可借助互联网媒体等平台，宣传新项目；在线下选择与幼儿园、中小学等相关的教育机构合作，进行宣传推广。

2. 加强与中小学以及专业研学企业的联系

按照教育部门对中小学研学教育的要求，为开发新项目做好准备。主动与知名的研学企业或旅游公司合作，合理分工，共同发展。农场可降低营销成本，而专业性研学企业或旅游公司则可以获得优质教育资源与研学项目。

(三)服务策略

1. 服务项目设计要保证全程安全、细致、有教育价值

针对青少年天性活泼的特点，特别注意人身安全，从环境、工具、人员等几个方面进

行设计，确保服务周全、细致。此外，每一项活动都要保证其具有特殊的价值，特别是要充分考虑给青少年全面发展带去的教育价值。

2. 增强农场基础设施建设与员工素质，提升服务能力

根据客户需求，完善基础设施。农场可以根据自身条件，设计出不同的研学项目。同时注重对员工的培训，提高员工的服务能力和服务意识。

3. 做好效果反馈，注重可持续发展

通过利用各类新媒体或者直接打电话等方式建立与客户之间的关系。

第二节 农场体验与休闲服务管理

一、农场体验管理

(一)农场体验的含义与意义

农场体验是指消费者到农场实际感受环境、技术、产品、人员的行为。农场体验是取得消费者信任的关键环节。体验既是农场服务业的重要内容之一，也是农场特有的营销方式，是生态农场发展的核心内容之一。

(二)农场体验的主要内容

1. 农场环境体验

参观农场、了解农场环境是消费者体验的一部分，其作用大致有两个方面：一方面，对于农场来说，消费者参观形成的倒逼机制会让农场主动提升生态农产品生产水平，不断改进生产技术，提高产品质量；另一方面，对于消费者来说，定期参观农场的制度有利于增强对农场生产实践的监督，培养维权意识。消费者可以根据其与农场联系的紧密程度，安排每周参观、每季度参观或偶尔参观。农场体验要有强制性规定做支撑，否则难以维持。建议CSA农场在与消费者订立购买协议时，要求顾客必须每年参观一次农场，这既是顾客的权利，也是顾客的义务。而对于一般的顾客，也要提出类似的要求，鼓励消费者主动接触并了解农场。

2. 生态技术体验

农业生态技术大致可划分为有机肥使用技术、病虫害防治技术和生态控草技术。有机肥使用技术主要是指在农产品生产过程中，以有机肥代替化肥的技术；病虫害防治技术是利用生物之间相生相克的原理，采用生物技术、物理技术、趋避技术等进行病虫害防治的技术；生态控草技术是利用除除草剂以外的对农产品质量与环境无害的技术，包括共养、人工除草、绿肥控草、覆盖等技术。由于生态技术并没有得到社会大众的认可，所以对农场主的信任以及对生态技术的信心都没有稳定的社会基础。在农场内部确立面向消费者的生态技术介绍与体验制度，可以把生产技术完整、准确地传递给消费者。这种技术传播不仅可以建立生产者与消费者之间的信任，更可以让消费者建立起对生态技术的信心。这种传播可能让生态技术变得更加普及，也可使消费者认识到生态农业的真正成本，进而认可生态农产品的价格。除技术介绍外，还可以鼓励消费者对生态技术进行实际操作体验。通

过实际操作，加强消费者对生态技术的认知，从而加强信任。与此同时，也让消费者在繁闹的城市中体会与众不同的生活愉悦感与宁静感，增强了与农业的感情牵绊，利于形成稳定客户群体。

3. 农场产品与人员体验

消费者到农场现场消费农场各类产品，同时与农场主以及管理人员进行交流。人员之间的交流，尤其是定期、多频次交流可以建立起非常牢固的信任关系。而质量良好的产品也会让消费者感受到生态农产品的价值，并从内心产生认同感。

二、农场休闲服务管理

农场休闲服务是指农场建立的以满足消费者休闲需求为主要目标的各类服务活动，主要包括垂钓、狩猎、采摘、食品制作等。

(一) 农场休闲服务的意义

1. 恢复消费者身心健康，获得愉悦与放松

农场休闲活动可以给城市消费者带来许多锻炼机会。农业劳作强度不大，且较为平和，可以给消费者提供一个锻炼身体的机会。心理学中，快乐强度=努力成效/期望水平。一些简单的农业劳动，在稍加培训之后，消费者就可以较快上手，如捕鱼、采摘等。当消费者从事这些活动时，他们期望水平不高，但成效可能非常大，所以总体快乐强度比较高。此外，在轻松的环境中，一些美食与简单的快乐有助于人们调节紧绷的神经，提升消费者的幸福感。

2. 提升消费者的能力

农场休闲活动不仅可以恢复消费者身心健康，还可以根据消费者需要，设计难度较大项目，提升消费者相应的能力。如农场垂钓活动有助于消费者静养身心，农业劳作可以提升消费者耐力等。

除此之外，农场休闲也可以增加消费者的信任，提高农场的利润。这不是消费者关注的重点，却是生产者应更加重视的。

(二) 农场休闲服务设计

具体休闲活动设计要根据当地的自然条件与传统文化进行界定与尝试，以消费者能力提升与满意度为衡量标准，如钓鱼、打猎、插秧、建树屋等。

第三节 餐饮与住宿管理

一、农场餐饮

餐饮是农场开展生活性服务的基本内容。在农场规划时，就应该对餐饮的布局进行设计。同时，对可能需要的各项设施与设备进行购买与安装，保证农场生活性服务业的稳定发展。

(一) 厨房和餐厅设计

大锅灶位置应适当，保持良好的通风、通气条件。开放式厨房应设置洗菜池、储物空

间、置物台等场地，可采用一字形框架，将洗菜池、储物空间、置物台依次排开。也可采用多层次框架，建造一个双层置物台，第一层利用小部分空间做洗菜池，其他空间为置物台。第二层则作为储物空间，将各种必需的调料、餐具放在里面。餐厅则应与大锅灶和开放式厨房所用物品隔开，形成空间感，桌面装饰绿色植物，给人以舒适的就餐环境。如果农场人数不确定，可以购买移动式锅灶。根据顾客需要，自由移动到合适位置，增加顾客用餐的主动性与趣味性。

(二)厨房与器具管理

厨房应保持清洁、干燥，并进行定期整理。器具应齐全，以满足烹饪的基本需求，如锅铲、碗筷、汤勺等，并准备基本调料品(盐、糖、油、辣椒等)。消费者使用后应及时清理，保证设备与器具的整洁与安全。

(三)消费者采摘、烹饪体验实践

根据客户需要和农场的生产实践，适当种植可采摘的果蔬，让消费者能体会到自然劳作的乐趣。草莓、番茄、黄瓜、绿叶蔬菜等色彩较为鲜艳的农产品本身可增强食欲，具有较大的吸引力。同时，应配备食品烹饪等方面的书籍，以便将采摘到的食材变成美食，增强消费者的收获感和满足感。

(四)特色菜肴研发与推广

可进行菜品研发，如设计土豆宴、豆腐宴等主题菜肴，发展烧烤系列、蒸煮系列等菜肴，最后以菜谱的形式进行推广。农场特色菜肴的开发需要农场结合自己种植的特色食材进行设计，并且保证口感与营养。

二、农场住宿

有住宿需求的群体大致可划分为3类：无孩子的年轻人、有孩子的家庭以及老人。

无孩子的年轻人一般平时处于高强度工作压力中，向往宁静的生活。房屋中不应放置计算机等办公用品，其他摆设应以简洁、大方、绿色为主，宜设置小型座椅等休憩喝茶的地方。

有孩子的家庭要满足小孩子好奇的心理，房间内可适当摆放卡通产品、趣味植物。同时，房屋内不宜放置大型家具，家具边角应当圆润，以避免磕碰。

如果农场有大树，可以根据条件搭建树屋。若没有大树，也可以借助几棵小树搭建小型树屋，甚至可以鼓励消费者自己搭建简易树屋。露营是接触自然的一种较好方式，对于在城市中生活的孩子来说，这种接触自然的方式是他们从未体验过的。所以，农场可以建设一些可供露营的草地，在保证安全的情况下进行露营。这种露营也是解决农场住宿条件不足的权宜之计。

如果家庭中有老人，应针对老人睡眠较浅的现象，适当选择安静的地方，同时在住所周边种植安神类花草。

农场住宿最大的困难是建设用地问题。一般情况下可以将农民废弃的老旧住宅进行翻新、装修，打造较为舒适的居住条件。在资金不足时，也可以与农民合作共同建设民宿。

三、管理策略

（一）建立管理制度

1. 保持环境与器具整洁

整洁与有序是顾客最为重视的两个因素。农场所有的工具、产品、废料必须要有严格的制度与专人进行管理。在餐饮方面，各种生活调料、餐具、木柴管理也非常重要。如果管理混乱，给人的第一感觉就是不卫生、不安全。而事实也是如此，一些管理混乱或者没有消毒的餐具极有可能带有传染性的病原菌，所以建立整洁、安全的管理制度非常重要。

2. 建立问题发现、反馈、处理系统

对于刚刚从事服务业的农场来说，其出现细节上的瑕疵非常正常，但是否具有改正能力是非常重要的。消费者对于一次服务的不周到可能会原谅，但对于多次服务不周到且未改进的行为则会无法容忍。因此，农场需要建立一套可以发现问题、反馈结果并及时处理与提升自身服务水平的系统。

（二）专人负责保质量，志愿服务提效率

1. 农场专人管理，完善登记、组织与反馈流程

上述两套制度的形成是管理的基础，更为重要的是设置专业化的职位来进行管理。虽然农场多数工作是兼职性质的，但是具体服务工作应由专人负责，或者至少设置专业化的职位来负责。这些专业人员要对各项服务做好登记、组织，确保安全与及时。在活动结束后，要对顾客满意度进行调查，及时反馈顾客意见，以便完善农场服务。

2. 鼓励消费者作为志愿者参与工作，提升服务效率

对于人手不足的农场，可以发动农场的消费者以志愿者身份参与进来。一方面，这是农场体验的一种形式；另一方面，也是让消费者建立主人翁意识的一种方式。有了消费者的参与，农场的服务活动会有更好的效果以及更及时的反馈。

知识拓展

以农业解读汉字的思路

汉字中包含的农业知识以及与农业相关的智慧，可以通过不同的方式进行解读，下面从农村环境、农业生产、农村生活 3 个方面将其分为以下 5 类。

（一）以农村中的自然现象解释汉字

许多汉字看似复杂，但只要知晓自然环境变化的规律，理解汉字也就变得较为简单。以旦、早、杲（gǎo）、杳（yǎo）、暮等字为例，这些字形的变化其实就是描述太阳从早到晚位置变化情况。相对于在城市，在农村对太阳从早到晚的感知会比较明显，一则有广阔的视野，二则小草、树木等自然景观丰富，因而在相对自然的农村环境中对与“日”有关的汉字进行讲解，对这些字的字形理解与字义的掌握更加容易。旦，就是早晨太阳刚刚出现在地平面；早，由（日，太阳）和（甲）构成，说文解字说“从日于甲上”，甲从形体上

看，像破壳而出的小芽，其最开始时在形体上表现为“十”，因而可以理解为日出于小芽（小草）之上；杲，就是太阳已经升到树梢了；杳，就是太阳落到木之下了；暮，就是太阳落到草下面去了，而且是持续过程（“莫”下再加“日”）；晚，由日（左“日”为夕阳西下）和免（通“冕”，帽子之意，后引申为去除之意）构成，太阳下山了，天气凉快了，便将遮阳的帽子取下，意为日落而息，荷锄而归，这个时刻为“晚”。

这样，孩子们在了解自然环境变化规律的同时，也理解了汉字。之所以强调农村的环境，是因为城市的高楼大厦已经让孩子们很少观测到这些基本的自然现象了，同时不同于传统课堂的农村环境的出现，在一定程度上可以提高学习者的新鲜感和好奇心，进而通过身临其境的感觉提高学习者的学习效率。

（二）以植物与动物特征解读汉字

动植物的名称往往是由其本身象形演化而来。只要了解了动物与植物的特征，就可以轻松理解汉字。举例如下：

笑，“竹+夭”为笑。夭，其实就是摇头的人，其中“大”表示成人，而头上一撇表示晃动，所以“夭”的本义就是一个晃着脑袋的人。而竹是一种细、高的植物，风吹过来时，不仅是枝叶在动，它的整个身子都在动，随风摇摆。而人在大笑时，不仅是摇头晃脑，他们的身体也是前仰后合的。所以，“夭+竹”才能将“笑”的本质特征刻画出来。如果没有对竹子这种植物特征的了解，这个字是无法理解的。这也是许多研究汉字的学者回避解读这个汉字，甚至错误解释这个汉字的原因。禾，甲骨文中的“禾”（）是因果实累累而弯腰的庄稼，这类果实成熟时弯着腰的作物，统称为禾本科植物，如稷、黍、稻等。在理解禾的基础上，很容易理解一批与“禾”相关的汉字。

牛，象形字，它的主要特征是由一对尖角（）和一个大鼻子（）构成。羊，象形字，特征同“牛”一样，有两个尖角（）和“V”（）字鼻形。此外，甲骨文中犬（）和豕（）造字相似，犬的甲骨文是狗的竖着的轮廓，与豕的区别在于，犬的尾巴长，豕的尾巴短。

（三）以农业工具与建筑解释汉字

许多汉字来自农业生产工具及农村各类建筑。例如，刀，象形字。在日常生活中，学生经常接触的刀往往是做饭用的菜刀、削铅笔的小刀等，而很少接触到农业生产中的刀。学生记忆中的刀的形状多为战斗用刀，刃外凸，便于砍杀与切割（图8-1）。然而这个汉字中的刀却来自农业生产，即柴刀，其刃内收，便于砍柴与收割庄稼（图8-2）。在看过并使

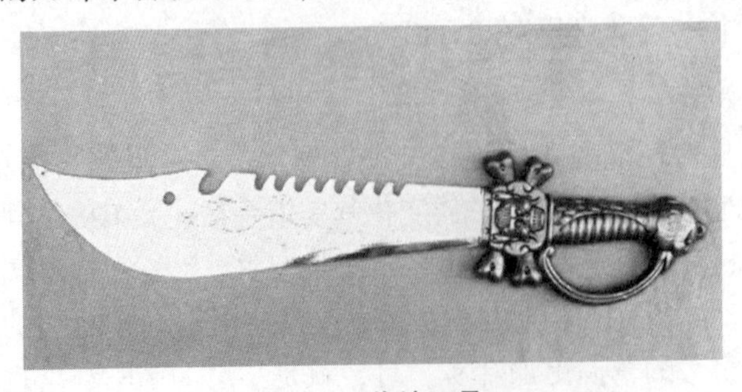

图8-1 传统刀具

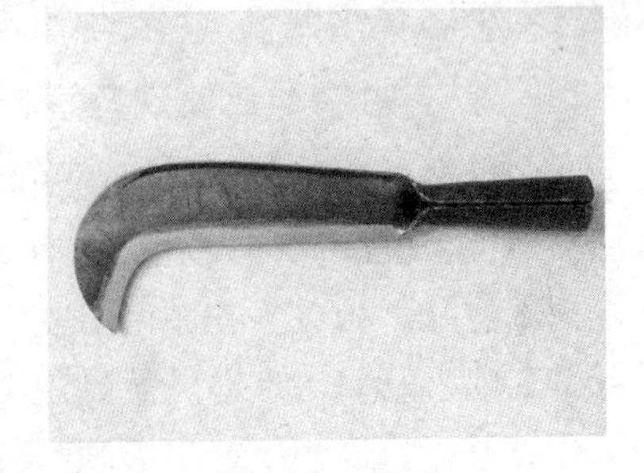

图8-2 柴刀

用过柴刀后，理解“刀”就不那么复杂了，进而也就自然理解了刃以及与刀相关的其他汉字的解释。此外，也只有理解了柴刀，才能理解立刀旁的写法，短竖为刃，长竖为背。

“基础”两字，绝大多数学生非常熟悉，却不能真正理解其含义。基，甲骨文由（土，土石）和（其，通“箕”）构成，表示用箕畚挑土石筑墙，墙的下半部分则被称为“基”（图8-3）；“础”从石，楚声，由“石（表材质）”“林（林莽之地）”“疋（本义为脚，现为足）”三部分构成，《左传》在描述楚国历史中提到“筚路蓝缕，以启山林”，则可理解为楚地（现在的湘、粤、川等地）湿气较大，为保持居住的舒适性和住宅的长久性，需要用石头做的小桩子使柱子和地面分离，后随着文化交融，这种建筑方式不局限于楚地（图8-4），后来的字体发展中“出”代替了“楚”，为出土之石。基、础合起来就是房屋的底部，也是房屋不倒的保障，“基础”一词的各类抽象含义都从房屋的这个特征而来。

图8-3　基

图8-4　础

（四）以农业知识与活动解释汉字

部分含义丰富的汉字需要完备的农业知识才可解释。某些汉字写法非常奇怪，而且含义非常多，必须要用相应的农业知识才能解读。比较典型的是不字。不，可以简单地理解为断头木，上部一横表示木的上半部分被切除。木上半部分被切断，会导致树木无法继续生长，这是不应该的，这就是不的本义。以此为基础，就可以理解以不为基础所造的其他字，如“丕”“杯”“胚”等。丕，指事字，下面一横表示木头的根部，木头一般上小下大，所以有“大”意，“曹丕”就是曹操与正室的嫡长子；杯，木头被切除出来的下半部分相对较粗，可以挖成喝水工具，这就是杯；胚，指事字，表示被断头木的下半部分，这是植物发芽的地方（根据农业常识，植物上半部分被切掉之后，其根部会继续萌发出新的枝芽），这也是植物重新生长的地方，所以胚就是植物发育的初体，构成胚芽等词，再延伸到动物胚胎等词。因此，看似难以理解的“不”系列汉字在引入农业知识以后，解读起来就会相对简单。

（五）以农村生活解释汉字

许多汉字蕴藏的知识只有通过体验农村生活才能理解。亲，立木为何是亲？这是许多人不理解的一个字，甚至认为“親”这个汉字简化得不对，亲人要时时相见，不见怎么叫

“亲”呢。如果人们具有农村生活经验，理解这个字就会极为容易，不会有这些疑惑与误会。村民经常要劈木为柴，用于烧锅做饭。亲的上半部分是“辛(刀斧)”，下半部分为“木”，亲就是劈开木头之意。因为木头本来是一个整体，劈开后各个部分很容易合在一起，亲的本义就是“同根生，且能合得来的人”。这样，“亲”字的本质就刻画出来了。繁体字加上“见”，亲的本义更加清晰，那就是“同根生、合得来、时时见”。在农业社会，一家人时时在一起是常态。但亲人是要分离的，比如徽商，往往是“前世不修，生在徽州；十三四岁，往外一丢”，不相见也会是少数亲人之间的常态，新中国成立后，把“见”字简化掉也是完全合理的，亲人不能时时相见也是常态。理解了“亲”字，也就理解了“新”“薪”。刚刚劈出来的木头，干干净净，当然是“新”的；劈出来的木头为柴，当然是“薪”(原义柴禾)，因为柴禾是人们生活的基础，所以后来才有“薪资”之意。

思考题

1. 农场为何要发展各类生活性服务业？
2. 农场如何将农业、农村优势与传统文化传承结合起来？
3. 如何设计农场的休闲活动？
4. 如何设计提升各个年龄段孩子能力的训练项目？
5. 考察生态农场的餐饮、住宿、研学等业务，发现其问题，设计完善策略。

第九章 生态农场营销管理

第一节 生态农场营销主要问题及其成因

一、生态农场营销中的主要问题

我国生态农场多处于发展初期，大部分重生产而轻营销。经调查，生态农场多数没有配备专门的营销人员，品牌、新媒体等营销方式也多缺乏，具体存在以下几个方面问题：

(一)利用工业营销规律指导农业

目前农业领域的从业人员由于缺乏正确的理论指导，一直以工业营销规律来指导农业企业营销活动。这使得农场整体工作成效较差，营销成本高昂。

(二)营销成本高但价格低

为取得消费者信任，农场必须投入足够的财力用于品牌创建与产品宣传。由于品牌创建的成本高，一般的农场难以承受，因而陷入两难境地，宣传则成本高，不宣传则产品不好销售。

在消费者不信任的情况下，消费者只愿意支付普通农产品的价格来购买生态农产品。这使得生态农产品的总体价格下降到生产者无法承受的水平，极大制约了生态农业的发展。

(三)生产者与消费者之间的信任关系建立难度大

众多农场在产品销售过程中的最大难题是消费者对产品的不信任。即使农场产品已经获得了有机认证，也有部分消费者对其质量不认可，甚至反复质疑。

二、生态农产品销售难的成因

(一)信息不对称导致信任难

生态农产品的质量优势在于：①利用有机肥替代化肥，从而在减少硝酸盐的同时增加各类微量元素，提升了农产品的品质。②用天敌、微生物等天然生物替代化学农药，减少了农药残留。③用作物密植、共养、覆盖等自然方法替代除草剂，减少了除草剂污染与残留。但是，无论是硝酸盐还是各类农药残留，消费者都无法通过自身感官，或者在消费过程中加以判断，只有了解整个生产过程，才能判断出产品的质量。而目前很多生产者没有让消费者对生产过程有充分的了解，从而导致生产方与消费方信息不对称。正是这种信息不对称与生态农产品核心质量指标的不可感知性，导致消费者无法建立对生产者的信任。

(二)食品安全事件导致信任难

在无法感知生态农产品质量的情况下，社会上又不断有食品安全事故发生，由此导致消费者脑海中充满了生产者通过各种手段使用非法添加剂的想象。这使得原本脆弱的生产消费关系变得更加不可信，使消费者本能地拒绝了生产者的质量宣传。

(三)消费者对优质产品的记忆与当今市场产品的表现存在较大偏差

在我国很多中年人都对30年前的农产品有着较深的印象。那时的产品一般露天生产，体积不大。而现在的农产品，尤其是蔬菜，产量高、个体大，这与部分消费者对优质农产品的原始记忆不同。此外，过去的农产品多数为传统品种，口感比较适合本地居民；而现在的农产品品种多元化，许多品种都是从国外引进并进行了育种改良，虽然外观诱人，但并不一定真正适合本地消费者口味。外观与口感的差异让消费者怀疑现在的生态农产品质量没有以前好，所以不愿意支付相应的价格。这是生态农产品得不到多数消费者认可的重要原因之一。

(四)消费者收入水平的有限性与投资结构异化

虽然我国已经步入小康社会。但是，消费升级，尤其是食品的消费升级并未真正实现。一方面是受我国勤俭节约的传统文化的影响；另一方面是现在家庭投资结构出现了异化，城镇居民可用于食品的支出比例并不高。这是许多家庭虽然意识到生态农产品更健康，但仍然不愿意消费的深层原因之一。

为解决上述问题，生态农场必须进行营销系列创新。从营销理念到营销组合，都应根据生态农场营销规模进行创新，形成具有区域特色的农产品营销理论与技能体系。

第二节　生态农场营销创新

一、营销理念创新

(一)营销理念发展过程

1. 生产观念

营销理论最早从农产品营销发展起来，但却主要应用在工业中。最早的生产观念以福特汽车为代表，只要生产出低廉的产品就不怕没有销路。企业最大的任务就是生产出大量价格低廉、百姓可以买得起的产品。能做到低成本大量生产的企业就是营销成功的企业，这在产品处于发展初期时是非常有效的营销理念。但随着技术的发展，当该种产品供给日趋丰富时，生产观念就会被产品观念所替代。

2. 产品观念

产品观念要求企业生产出质量优异的产品，而不是生产到处都有的低廉产品。产品观念认为只要产品质量过硬、功能多样，无须过多的宣传就可以完成销售，从而促进企业迅速成长。产品观念在产品处于普及阶段时是一种相对适用的理念，它可以帮助产品迅速占领市场。但是，当其他企业产品质量也能迅速跟进时，这种理念也就失去了价值，推销观念随之出现。

3. 推销观念

推销观念认为再好的产品也需要宣传推销。在市场供给非常丰富时，消费者有足够的选择，只有那些努力推销的企业才可以将自己的产品销售出去。同样，这在产品市场刚刚成熟时十分有效，但随着所有企业都通过推销方式来带动产品销售，推销本身会成为消费者的一种麻烦，其对企业的帮助也就会日趋减少，最后推销观念也只能在少数特殊产品中存在，如保险、理财产品等。

生产观念、产品观念、推销观念都是以生产者为中心，较少考虑消费者需求，总体上处于卖方市场。而随着生产能力提升，产品市场最终会由卖方市场转变为买方市场。

4. 营销观念

营销观念是当产品市场从卖方市场转变为买方市场后企业应该遵循的理念。营销观念是指一个企业要想完成产品的销售，必须充分考虑消费者的需求。只有以消费者的需求为出发点设计营销组合，企业才能完成销售并实现持续的发展。营销观念目前已经成为工业企业普遍遵循的理念。营销不等同于销售，它包括从消费者需求研究、产品研发，到渠道建设以及定价、促销等一系列内容，基本涵盖了企业管理的各个方面。

5. 社会营销观念

一个企业的发展不仅需要满足消费者，也要满足一般社会公众。这是成熟市场条件下社会对企业的更高要求，也是企业能力的体现。社会营销观念认为一个企业不仅要满足顾客的需求，也要满足社会公众的期望，只有这样才能更好地发展，这是买方市场成熟的表现。

综合营销理念发展过程可知，一个企业的发展实际上就是不断超越自己的过程，只有产品不断改进，能力不断增强，才能真正解决企业产品销售与发展问题。一般企业发展规律如此，生态农场发展规律也不例外，做得更好是一个企业发展的根本。

（二）农产品营销理念发展

农产品营销理念的发展与上述过程几乎一致，只是速度更慢一些。因为以食物为代表的农产品生产有一定周期，所以农产品供给能力一直没有超过需求，其营销理念也一直停留在卖方市场。但是，随着石化技术的成熟与人口数量增长的减缓，其营销理念也随之转变，逐渐从卖方市场转变为买方市场，这是我国农产品营销所面临的一个全新课题。在消费者决定市场的情况下，消费者的需求成为营销者必须要了解的基本信息。

从我国农产品营销实践来看，消费者对食物的要求已经不仅是果腹，而是希望食品能更安全、健康，甚至还希望从食物的消费中获得更多美味与快乐。我国大多数农产品在新中国成立初期供不应求，20 世纪 80 年代供求基本均衡但仍有结构性失衡，到 21 世纪初供求均衡。这个过程是消费者从有什么产品消费什么产品，到可以选择不消费什么产品，再到要求生产者根据需求生产相应产品的过程。

（三）适合我国生态农场现状的营销理念分析

总体来看，我国农业生产已经从大量生产、低廉价格、大量消费的生产者主导时代转变成为以质量、健康求胜的消费者主导时代。随着农业生产所带来的面源污染日益严重，中国农产品营销观念将加速进入社会营销阶段。之所以是加速进入，是因为社会公众、政府都已经意识到环境质量的重要性。当这些力量汇集到一起时，不仅是农民要解决这个问题，消费者、政府、社会也要解决这个问题，农业不仅要向社会提供健康的农产品，也要向社会提供优美、健康的生态环境。

当然，我国的情况相对复杂，一部分消费者刚刚脱离贫困，适用于他们的可能是生产观念；另一部分还仅停留在追求质量的阶段，适用于他们的可能是产品观念；只有少部分生产者与消费者达到了既追求健康又保护环境的阶段，适用于他们的是社会营销观念。所以，我国农产品营销指导思想会呈现出百花齐放的局面，且朝着社会营销观念的方向稳步发展。但对于生态农场来说，由于其代表着当代最高农业技术水平，在满足消费者的同时需要解决环境污染问题，因此，必须用社会营销观念指导农场的一切经营管理活动。

二、营销主体创新

(一)从中间商到生态农场

营销主体原来多数是龙头企业、批发商、零售企业等中间商。这些企业多数不是生产者，所以对产品的质量并没有决定权。但因为他们是与消费者直接接触的一方，所以他们一直是生态农产品的真正营销主体。而当农场主与消费者直接建立联系后，农场主就能够代替这些机构成为真正的营销主体。

(二)从农场到田园综合体

我国农场在迅速发展后，面临着一系列的竞争压力，尤其是产品成本与营销成本的共同压力。因此，未来的营销主体可能不再是单独的生态农场，而是生态农场的综合体。这些综合体可能以现代化公司、合作社为载体进行管理，从而建设成田园综合体。在不久的将来，田园综合体可能是生态农产品的营销主体。

(三)从田园综合体到地方政府

在地方区域经济发展中，一个地方性的田园综合体发展较为困难。所以，地方政府为推动区域经济快速发展，会通过注册证明商标、地理标志的方式发展区域性农产品公用品牌，这些品牌可能涵盖若干个田园综合体，进而在较短时间内形成具有较高知名度、美誉度的品牌，拉动田园综合体、农场等个体品牌健康发展。所以地方政府也会是未来的重要营销主体之一。

三、营销战略创新

当营销理念改变之后，农场的营销战略也要全面创新。以社会利益为根本，消费者为中心，进行市场细分、目标市场选择以及市场定位。市场细分更多以地域为本，强化“食在当地，食在当季”的生态理念。目标市场则以消费者收入为划分依据，形成不同细分市场。收入越高的消费者越有可能关注自己的健康，也越有可能关注自然环境；而低收入者对于改善饮食品质的意愿相对较低。市场定位以领导者定位与空档定位为主，因为现在的生态农场较少，各个领域都处于开拓状态，只要准确定位于某个特殊的产品或某种特殊的服务，就可以确立自己的特色，为社会提供有价值的产品，并最终形成自己的竞争优势。

四、营销组合创新

（一）产品创新，从数量供给到质量领先

生态农场在产品方面要率先真正从石化技术转化到生态技术，实现质量的全面提升。在实现技术升级以后，要逐渐从实体产品转向服务，将有形实体产品与各类服务结合起来。根据对生态农场的观察，生态农产品在市场中的成熟度一般由消费者可感知的信息决定，其大致顺序为土鸡蛋、水果、土猪肉、大米、蔬菜、自然教育、亲子教育、餐饮、民宿。生态农场的创新顺序可依此展开。

（二）价格创新，从低成本到可持续定价

价格不仅是质量的体现，也是质量的信号。在消费者认可的基础上，采取可持续定价，即价格既在消费者接受范围内，又可以保证生态农场可持续发展。长期低价不利于生产者可持续经营，但高价又不符合消费者利益，不利于市场开拓，所以可持续定价是生态农场普遍采用的定价策略。

（三）渠道创新，从长渠道到零渠道

生态农产品与石化农产品存在质量上的本质差异，混用相同的渠道虽然会减少物流成本，但会显著增加营销成本。随着第三方物流发展，从田地到餐桌的运输成本越来越低，所以从农场直接运送到消费者家庭的零渠道是更为可取的。近年来，随着新媒体的应用，越来越多的农场主开展了线上销售，零渠道甚至成为农场最重要的销售渠道之一。

（四）促销创新，从传统媒体到现代媒体

生态农场一开始规模小、实力弱，传统媒体并不适合农产品促销。因此，充分利用以“微博+微信+微店+抖音”（简称“三微一抖”）为代表的新媒体更加可行。结合体验营销、数据库营销与关系营销，将微博、微信公众号、抖音短视频作为促销的主要手段，微店不仅具有促销功能，更是直接销售的渠道。

（五）认证方式创新，从第三方认证到社会集体认证

生态农场的认证一般是指第三方认证，包括国内的绿色农产品认证、有机认证等。这些认证需要每年进行检测，对有机农产品来说，每类农产品每年都要进行检测，其成本是一般小农场无法承受的。为解决此问题，多数农场从第三方认证转移到自保障认证或参与式保障认证（PGS），也就是通过农夫市集或生产者、消费者、社会第三方共同监督而实现的认证。这种认证成本更低，主要依赖于生产者的相互监督以及消费者的主动监督，所以更适合小规模的生态农场。

第三节　生态农场的营销策略

一、建立 CSA 营销模式

CSA 是社区支持农业的简称。CSA 指的是一种农产品及其所支持的社区之间风险共担、利益共享的生产、营销、消费组织模式。这种模式发源于日本，即提携制度，是日本消费者在 20 世纪 60 年代食品质量出现各种安全问题以后的一种自保行为。即

日本的消费者联合起来，与农民联系，要求按他们的方式进行生产，并且完全购买产品的行为。之后这种方式传播到欧洲与美国，最终传播到全世界。在我国，石嫣博士发起的 CSA 自 2012 年起在全国进行推广，目前全国有约 1000 家 CSA 农场，并形成了全国的 CSA(现译为“社会生态农业”)大会，其影响力越来越大，推动我国生态农业健康发展。

CSA 营销模式可以实现农户与消费者的共赢。CSA 的优势在于能够最大限度地减少市场交易过程中的不透明环节、信息不对称情况，让消费者真正了解自己买到的农产品是谁养的、谁种的、采用什么方式进行生产和加工的，从根本上解决农产品质量安全问题。同时，CSA 模式还可以让消费者充分参与到农业中，真正形成社会化的农业，逐步建立起生产者与消费者之间的信任关系。

目前，在农业发达国家，CSA 已经逐渐普及。与农夫市集和零售商店相比，CSA 模式能够让更多的农户和消费者受益。例如，美国的 CSA 采用多样化的会员制度，可以让不同层次的家庭都加入这个组织，为 CSA 提供稳定的客户源。因此，中国的生态农场营销也有必要积极引入这一模式。国内许多地区已经开始建立了本土化 CSA 模式。例如，北京大兴活力有机菜园以小农及合作社作为生产主体，实现了低成本有机农业；北京分享收获有机农场作为 CSA 在中国践行的最早农场，通过借鉴美国 CSA 模式，结合个人品牌及高校社区资源，创建了具有中国特色的新型 CSA 模式；重庆合初人农场以市民作为生产主体，有效利用城市社会资本，推动生态农业发展。

二、建立完善的产品体系

现代农业已经不能单纯地只做种养，想要获得更多的利益，就要实现三大产业融合，建立起一套完善的产品体系。在农场发展前期，由于资金不足、经验不够等原因，可以先突出种养结合，丰富农场的产品线，再进行适当的农产品加工。后面随着农场建设的深入，可突出生活服务业，加大研学、体验、餐饮、民宿等服务产品供给，满足消费者的各项需求，同时也可以获得更多的利润，最终实现农场产品的多元化供给体系。

三、形成独立的营销渠道

石化农业已经形成了自己稳定的营销渠道，而生态农产品要想建立更适合自己特征的营销渠道，必须脱离现在的农产品营销主渠道，形成自己特有的渠道体系。从目前实际情况来看，我国的生态农场营销主要可以采用以下几种营销渠道。

(一)零渠道

零渠道即会员配送制。生态农产品生产企业、销售商或者农户必须确定目标客户群体，通过商会、车友会、同学会、业委会等关系建立会员制供需关系，直接将产品配送到消费者手中。会员配送也可采用订单方式。种植方、生产企业与销售商可以建立一种长效合作机制，共担风险、共享利益。

(二)农夫市集

立足当地市场，集合本地和周边生态农场的农产品，形成一个生态农产品与消费者面对面交流、沟通、监督、互动的双向平台，做到零渠道营销，降低生态农产品成本。

（三）生态农产品专卖店

这种方式能够将生态农产品与石化农产品区别开来，让消费者在专卖店里接触到各种生态农产品和相关健康知识，定位目标消费者的同时培养潜在消费者。

（四）生态农产品超市

在现阶段，我国消费者尚未对生态农产品建立起足够的信任，这种大型生态农产品超市也尚未建立坚实广泛的消费者基础。但是，在未来生态农产品观念普及，建立起与消费者之间的信任之后，该类超市依然是一种较好的渠道选择。

四、充分利用新媒体，有效传递农场各类信息

生态农场的营销需要充分利用新媒体的优势，加强品牌的宣传，提升品牌农产品市场占有率，保证农产品优质优价。农场创建初期可以利用微信公众号、微博以及抖音短视频的形式进行品牌宣传。销售则可以在微信、抖音上开设店铺进行自主营销。同时，建立独立的网站、APP同步宣传农场品牌。在进行农场品牌宣传时，除了宣传传统的产品质量信息之外，还应该将生产技术、生产环境以及生产人员等信息及时传达给消费者，让消费者在购买产品之前就能全面了解产品的详细信息，从而建立消费者对农场主以及农场品牌的信任。

五、形成科学、合理的定价策略

生态农产品不仅是一种消费产品，更代表着一种健康的生活方式。无论是高消费人群，还是低消费人群，都希望购买到质量安全的生态农产品。因此，生态农产品品牌的价格定位应该由低端走向中端与高端，体现多层次性，保证生产者有相应的利润。价格高的生态农产品销售目标锁定在高消费人群，不仅要产品质量好，还要提供更多的服务；而价格低的生态农产品目标锁定在低消费人群，可以鼓励他们成为农场会员，参加农场劳动，以劳动换产品，不仅可以降低消费者购买成本，也可以降低农场生产成本，成为一种双赢策略。

第三节 农场品牌创建

一、农场品牌理念设计

（一）品牌概念

品牌是指代表消费者认知的一套标识系统，可以代表消费者对农场品牌的认知。品牌包括品牌名称、品牌标志。品牌标志又包括标志物、标志字、标志色、标志音、标志味等几个部分。其中，品牌名称和品牌标志物、标志色、标志音可以注册成商标并得到国家法律认可与保护。

（二）品牌理念与核心价值

品牌理念是指导品牌建设的一系列观念的总和，包括对外的品牌精神与对内的品牌价值。品牌理念中最重要的就是品牌核心价值，它是品牌向消费者给出的承诺，是消费者购买品牌旗下产品的理由。

(三)品牌核心价值设计

品牌核心价值设计要考虑环境发展趋势、消费者需求、竞争对手特征等因素。在综合考虑的基础上，设计出品牌核心价值，并且用一句话进行概括。品牌核心价值是以后品牌定位、品牌宣传的基础，也是品牌创建中最核心的内容。

品牌核心价值设计要建立在严格的环境分析基础之上。首先，要对农场的宏观环境进行分析，具体包括6个方面(见第二章第一节生态农场规划部分内容)，得到宏观发展的客观趋势；其次，对农场所在的行业进行分析，找到行业中的主要竞争力量，明确行业发展走势；最后，对农场的微观环境进行分析，明确目标顾客、竞争对手以及自身优势。

在上述分析的基础上，找到一个符合宏观环境发展趋势、适应行业竞争强度、满足消费者需求、规避竞争对手优势且能发挥自己特长的概念，这个点就是品牌核心价值。

二、农场品牌设计

农场品牌核心价值设计完毕，要通过品牌表现要素与品牌战略要素进行表达。品牌表现要素包括品牌名称与品牌标志，品牌名称是品牌中可称呼的部分，品牌标志是不可称呼但可识别的部分。

(一)品牌表现要素设计

1. 品牌名称设计

品牌名称指商标中可以直接称呼的部分，是品牌最重要的标识。品牌命名环节一般包括品牌命名调查与条件设定、品牌名称发散式命名与品牌名称筛选3个环节。

(1)品牌命名调查与条件设定

建立一个取名的5人小组，每个小组成员都要有明确的分工。在小组成立后开展以下工作：首先是对产品的认识。命名者要能以一句话概括出产品的特征、性能、精神，并且能用相关的词汇对产品进行描述。其次，命名者要能明确表达产品的目标市场，以及目标顾客购买产品的心理动机。最后，要能清晰地知道所命名产品的竞争对手，以及竞争对手的特征与品牌名称。

品牌名称的限制条件因品牌的不同而异，在进行正式的命名工作之前必须要求企业的最高执行者给出品牌名称的限制条件。在很多情况下企业的高层领导并不愿意说出他们的限制条件或者他们自己心中根本就没有这样的条件，这说明企业的高层领导还没有做好品牌命名的准备。这种情况下企业品牌命名的成功性较小。作为一个企业的领导者或产品的最高负责人，必须清楚要把产品带向何方，必须知道产品的发展方向，否则无法帮助企业设计满意的名称。

(2)品牌名称发散式命名

在消化了大量的资料之后，就进入了品牌名称的酝酿阶段。为了打开思路可以从以下角度进行：在直觉思维的基础上进行设计。在有了大量资料的基础上，可以凭借自己的直觉设计出10~15个名称。第一直觉设计的名称可能就是品牌的最终名称。设计10~15个与产品/品牌形象直接相关的名称。产品/品牌的形象已经在品牌相关事物调查阶段得到确认，这里可以用形容词或名词来进行描述，也就是选出那些与关键形象特征同义的词。这样做的目的是从形象角度选出更多的可供选择词汇。从产品自身特征寻求10~15个词。最后，设计出购买或使用该产品的心理动机的10~15个词。在命名困难时，可以通过头脑风暴法、顾客交谈法甚至是查字典的方法获取灵感。

(3)品牌名称筛选

本阶段是对所设计的名称进行筛选。筛选可以从以下几个角度进行：

①从法律角度进行筛选　在筛选的第一阶段，可以将设计出来的品牌名称自行到国家市场监督管理总局网站或交给商标代理人进行注册商标的搜索，以确定其在国内市场和国际市场的可行性。在这里，要将与竞争者商标发音、字形相同或非常相近且易造成误认的名称排除掉。

②运用德拉诺公司的形象定位图进行筛选　将本品牌最合适的位置在图9-1中标出来，然后将每一个名称与之对照，判断是否适合该区域。如果适合该区域则可以使用，若发现该名称更适合其他区域则不宜用该名称。

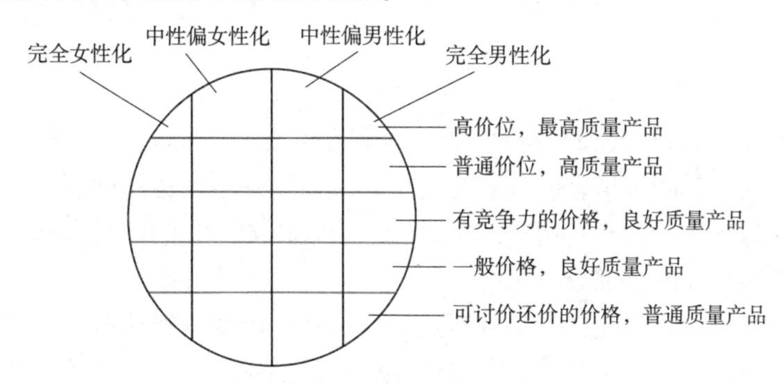

图9-1　品牌形象定位图

(根据弗兰克·德拉诺所介绍的形象定位图绘制)

③语言筛选　语言筛选包括3个方面：语义、发音、字形。词语的含义应该是独特的，语义不仅在国内不能引起任何负面联想，而且在其他语言中也不能引起任何负面联想。一般情况下，汉语与西方的字母文字差别较大，在语义上不会造成太大误差；但是在日本和韩国则有可能造成误解，所以在名称决定前一定要在不同的语言中进行语义测试。一个品牌能否做大做强，其品牌名称的语义可能会产生重大影响。在发音方面应注意以下要求：根据品牌与消费者距离设定音节数量，越高端的品牌音节越多，越亲民的品牌音节越少，但不得低于两个音节；音节要发音顺畅、响亮、饱满，多用元音、后鼻音，避免谐音；字形方面，所选用的字应该简单，勿用生僻字，字形结构要有变化，书写美观，这样搭配效果更佳。

④准则筛选　在进行了以上一系列筛选后，可以用德拉诺的七大准则进行筛选。七大准则分别是：通过一个伟大的创意，抓住产品的实质、特征或精神(最好是通过一个词)；吸引顾客的注意力，激发想象力；确保能有和产品类型高度相符的声音质量；保持简单；通过对视觉、图像及声音的设计，使它永远地“驻留”在顾客的记忆中；牢牢地抓住产品的正确性别形象特征；让人相信所宣传的产品是物有所值的。

⑤在客户中进行最后筛选　本方法是德拉诺自创的方法，成本低，但经过他自己的测试具有80%的有效性。客户的调查方法有两种，一种是简单的名称市场调查，另一种是“分数等级式”的名称市场调查。

2. 品牌标志设计

(1)标志物设计

标志物是指品牌中的可视化、可感知部分，即品牌 logo，一般与名称结合，可成为注册商标。标志物类型主要包括艺术化的品牌名字、符号、图形、图画、实体物等，也可以是标志色、形、字的综合体。在设计农场品牌标志物时，可更多利用农场主的个人特征，甚至简单地将艺术化的农场主证件照作为品牌标志。标志物可以将信息迅速、准确地传递给消费者，是品牌核心组成部分。

(2)标志色设计

标志色是指经过特别设计的代表品牌理念的特殊颜色。色彩是人们区别事物的一个重要手段，人们的视觉是非常敏感的，而在视觉中对色彩又是最敏感的。借助于消费者对色彩的不同联想，可以传达品牌理念。如蓝色易联想到高冷，而黄色与红色易联想到美味等。

3. 标志音与标志味设计

标志音是指表达品牌理念的独特声音。标志音可以是一句话，也可以仅是一个音符。标志音可以促进人们对品牌信息的理解与记忆，从而更好地表达品牌理念。一般音像制品的标志音使用更为频繁，甚至有用歌曲来进行广告宣传的。我国已经在法律上支持标志音注册，其可以成为商标的一部分。

标志味是指与品牌紧密相连的一种味道。目前在我国尚不能注册，但在实践中，农场可以将其作为品牌特质的一部分，向消费者积极宣传，以提升品牌传播效果。

4. 标志字设计

品牌标志字是具有独特风格的字体，或相互之间有着良好搭配的一组词，它可能是企业名称、品牌名称甚至是品牌口号。这些字体具有与品牌理念一致的含义，具有很强的识别性。标志字设计要能体现品牌理念，有独特性，也要容易辨认。字体、线条可结合标志色的应用，共同表达品牌理念。

(二)品牌战略要素设计

农场品牌的发展，除要进行品牌核心价值及其表现要素设计之外，还需要进行战略性要素的设计，包括品牌定位、品牌口号、品牌个性、品牌代言人等。

1. 品牌定位

品牌定位是品牌核心价值应用于市场传播的特色表达，它可以是品牌核心价值本身，也可以是核心价值的再表达。其定位方法主要分为两类，一类是领导者定位；另一类是追随者定位。领导者定位是在消费者最重视的方面占据第一的位置。包括款式、颜色、质量、功能、产品使用时间与场景、服务、人员、渠道、品牌形象、消费者类型等。追随者定位是指后来进入者所使用的定位方法，包括针锋相对式定位、附属定位、逆向定位、空档定位以及重新定位等，其主要目的是与领导者争夺有价值的品牌特色。品牌定位是根据消费者对品牌的认识、了解和重视程度，给自己的品牌确定一定的市场位置，建立产品在消费者心中的特色和形象，以满足消费者的某种偏爱和需要。

2. 品牌口号

品牌口号即品牌定位的广告语式的表达，一般是指能体现品牌理念、品牌利益和代表消费者对品牌感知、动机和态度的宣传用语。品牌口号一般突出品牌的功能和给消费者带来的利益，具有较强的情感色彩、赞誉性和感召力，目的是刺激消费者，并通常通过标语、手册、产品目录等手段进行宣传。品牌口号不仅可以突出自己的特色或竞争优势，同时可以对商品名称起到解释作用。

品牌口号也可以像品牌标志色和标志物一样进行动态调整，以便适应市场需要。一般情况下，品牌口号不应随意变动。它可以运用于广告词、宣传品、海报、条幅、网站等任何能想得到的地方。

3. 品牌个性

对于品牌个性，可以从语言、外表和行为 3 个方面进行设计。语言设计就是要给品牌一句“口头禅”，即向广大消费者宣传的广告语；外表设计是指对品牌代言人外表的设计；行为设计是指代言人的动作设计，通过该动作体现出品牌的性格。品牌个性的体现主要由代言人来完成，因此，代言人选择是品牌要素规划的重要内容。

4. 品牌代言人

根据品牌设计的外表与动作，选择合适的明星或虚拟人物来代言品牌。代言人作为品牌信息传播者，可展示品牌的个性与核心价值，同时可利用公众的从众心理对其购买行为进行影响。适当运用品牌代言人策略，能够扩大品牌的知名度和认知度，拉近产品与消费者的距离。消费者对代言人的喜爱可能会促成购买行为，建立起品牌的美誉度和忠诚度。

品牌代言人一般可分为现实代言人与虚拟代言人。虚拟代言人是企业根据自身的品牌或产品特性设计的具有生命的卡通人物、动物或无生命物。它们可以代表企业的个性，传达企业的文化内涵。虚拟代言人的优点有成本低、不会死亡、不会出现不利新闻、不会同时为几家产品做代言人。农场在资金不足的情况下，完全可以为自己的品牌设计一个虚拟的代言人。当然，由于农场品牌与一般工业品牌不同，肩负建立生产者与消费者信任的特殊任务，所以农场更倾向于让农场主作为品牌的现实代言人。虽然现实代言人多为明星，但对于农场来说，一是明星成本太高，二是明星在信任建立方面的效果未必比得上农场主自己出镜，所以农场主作为现实代言人反而是多数农场的自然选择。如果农场在设计品牌标志时，已经应用了农场主头像，那么继续让农场主为自己的农场代言，整个传播体系将更为高效、一致，整体宣传效率会更高。

三、农场品牌传播

(一) 农场主个人信息传播

消费者了解农场主的为人、学历甚至家庭与成长环境等信息有助于消费者对该农场生产的产品产生一定的好奇和忠诚度，从而提升农产品的销量。

(二) 农场环境信息传播

农场的环境信息对于消费者来说相当重要。在不了解农场环境的情况下，消费者可能会对产品抱有各种怀疑。而当消费者对农场环境有了充分的了解之后，自然而然会对该产品产生一定的信任和忠诚度。

（三）农场技术信息传播

农场技术信息传播可以满足部分有技术偏好的消费者的需求。例如，认为只有中国传统农耕方式才能生产出优质农产品的消费者在了解到农场是采用传统农耕技术后，或喜爱现代技术、智慧农业的消费者，在了解到农场的现代生产技术之后，或对采用非化学除草剂方法控制杂草持怀疑态度的消费者在了解农场使用的杂草控制技术之后，自然会对产品产生更多的信任和更高的忠诚度。

（四）农场生产信息传播

了解农场的生产信息，对于消费者而言也是相当重要的。消费者了解农产品生产的每一个步骤，所用的肥料、农药等生产资料信息，不仅能消除消费者的疑虑，更能展现农场的生产水平，提升自身农产品的市场竞争力。

（五）农场产品信息传播

现在生鲜网站与微店很多，但是它们中的大多数没有把产品的质量信息向消费者展现，甚至连质量等关键信息都没有。除了传达信息外质量、大小、生产日期等信息外，还可以传达该产品的功效、各种做法等，使消费者在摇摆不定的时候倾向于相信生产者。

四、农场品牌保护

（一）农场品牌注册保护

农场品牌注册保护其实就是寻求法律保护，这是品牌保护的最主要途径。而为了获得法律的保护，在进行品牌商标注册时应该坚持以下两个基本原则。

1. 提前注册、及时续展

注册获得商标权，特别是商标专用权，是寻求法律保护的前提和基本保证。过去我国企业由于商标注册不及时而被国内同行或外商抢注的事件屡屡发生，迫使企业必须花重金买回属于自己的品牌，而农场由于资金不足，基本上只能“改名换姓”，为再创声誉付出高昂的代价。值得注意的是，我国商标注册审批程序复杂，审批时间较长，这就要求农场在注册时间的选择上坚持提前注册的原则，即在产品生产出来之前就申请商标注册。同时，农场还必须注意商标的时效性。商标权超出法律规定的有效期限就不再受法律保护，这就要求农场设立科学完善的商标档案，农场主或管理人员要熟悉商标相关知识和法规，在规定期限内及时进行商标续展。

2. 全方位注册

全方位注册的原则是纵向注册和横向注册、国内注册和国际注册、传统注册和网上注册相结合，并注重防御性商标的注册，当然这需要农场具备一定的资金，但是农场应该在能力范围内尽力注册与本品牌相关的防御性商标。例如，杭州娃哈哈集团有限公司为有效防止其他企业模仿或抄袭自己的品牌，在“娃哈哈”注册成功之后，又注册了“娃娃哈”“哈哈娃”“哈娃哈”“哇哈哈”等一系列防御性商标；同样，贵阳南明老干妈风味食品有限责任公司也注册了“老干爹”等防御性商标。

（二）农场品牌宣传保护

1. 坚持以消费者满意为中心的理念

品牌价值并不是一旦拥有就终身不变的，品牌价值会随着市场环境的变化和消费者需求的转变而波动起伏。农场要想维持品牌知名度、消费者忠诚度，就需要迎合消费者不断变化的兴趣和爱好，生产出消费者需要的产品。

2. 保持与消费者沟通的连续性

农场的品牌宣传要以消费者满意为中心，因此，农场需要维持与消费者的沟通，保持与消费者沟通的连续性，不断将品牌信息传递给消费者，保持品牌在消费者心中的良好印象。

3. 维持品牌产品的标准定价

让消费者不计价格、无条件地忠实于品牌是不可能的。一旦品牌产品的价格超过消费者的心理预期，或者时常波动，消费者就会对价格更加敏感，认为该品牌产品质量有波动、不可靠。品牌想要在市场上长久立足，维持合理稳定的标准定价很重要。

（三）农场品牌保护常规策略

1. 定期查阅商标公告，及时提出异议

农场应定时定期查阅商标公告，一旦发现侵权行为，应及时提出异议，以阻止他人的侵权商标获得注册。

2. 运用高科技防伪手段

农场可以采用不易仿制的防伪标志，使用防伪编码等手段。这不仅为自己的品牌产品增加了一道“防伪”保护措施，也为行政执法部门打击假冒伪劣产品提供了有力的帮助。

3. 协助政府部门打假

当注册商标的专用权受到损害时，农场应采用有力的手段，协助有关政府部门打假，制止侵权行为的发生。

4. 注重向消费者宣传识别真伪的知识

如果消费者能够分辨真伪，假冒产品也就可以在很大程度上予以杜绝。因此，农场应该巧妙地通过公关活动和社交媒体等，向消费者宣传产品的防伪标识辨认方法，让消费者能够分辨真伪。

5. 持之以恒严格质量管理

实施严格的质量管理是品牌保护最重要的手段。严格要求、严格管理体现在农场生产的方方面面，目的是保持并提升品牌竞争力，使品牌更具有活力和生命力，成为市场上的强势品牌。其中，最重要的是要坚持全面质量管理和全员质量管理。“质量第一”与“以质取胜”是生态农场营销的根本。

五、农场品牌与区域公用品牌融合发展

（一）区域公用品牌含义及比较

农产品区域公用品牌是指在特定的区域，以独特的自然资源及科学的种植、养殖、采

伐方法与加工工艺生产出来的农产品为基础，由农业经营主体通过法律授权共同使用的标志和符号。它是地理标志(集体商标)与证明商标的结合，既可区分产品质量层次，也可展示区域特色，还可形成独特的品牌核心价值。农产品区域公用品牌与证明商标的不同之处在于，它可以包含两个层次的产品质量，如安徽“田园徽州”区域公用品牌就包含了绿色与有机两个层次的产品质量，而证明商标一般只包含一个层次。区域公用品牌与地理标志的不同之处在于，它可以覆盖多类型产品，而地理标志一般只能代表一种产品，如“黄山毛峰”是安徽黄山地区绿茶的地理标志，也是著名的绿茶品牌，但该品牌只能覆盖绿茶这一种产品，而“田园徽州”这个区域公用品牌则可以包含黄山地区几乎所有达到绿色与有机标准的农产品。

(二)区域公用品牌与农场个体品牌融合发展的意义

我国农产品市场正由理性消费向感性消费转变，市场竞争日益激烈。实施农产品区域公用品牌战略既是中国农业产业发展的必然趋势，也是提高农业生产能力、增强农业竞争力的现实需要，对于提升农民增收、促进农业产业化发展都具有重要意义。在农业供给侧改革的背景下，要适应消费者对高质量农产品的需求，实现农业标准化和产业化的运营，必须大力推广农产品区域公用品牌建设。

1. 区域公用品牌可以帮助众多小规模农场开拓市场

区域公用品牌由于有政府支持且体量大、宣传力度大，容易提高其知名度；而家庭农场等个体企业打造个体品牌，由于资金不足等原因很难打出知名度，因此，通过区域公用品牌+个体品牌的方式，可以带动个体品牌的宣传与发展，使个体企业在前期资金不足的时候能够得到较好的发展。

2. 区域公用品牌与农场个体品牌协调发展可以提升产品质量

如果生态农场无品牌，在使用区域公用品牌的时候容易滥竽充数，破坏消费者对区域公用品牌的信任度，而加上个体品牌之后，可以使消费者维权时能够很好地溯源，区域公用品牌管理方也能进行相应的惩罚，从而使区域公用品牌得到可持续发展。个体品牌融入区域公用品牌，既有利于区域内农业经营主体自身的良好发展，也有利于区域公用品牌对农业经营主体的管理，实现区域公用品牌开拓市场、个体品牌保证产品质量的协同发展之路。

(三)农场品牌与区域公用品牌融合发展机制

1. 质量控制机制

区域公用品牌最大的困扰是“公地灾难”。区域公用品牌的公用性质导致农场只有“搭便车”的驱动，而没有维护的责任与义务。而造成“公地灾难”的原因，多数是质量安全问题。因此在使用区域公用品牌的时候加入农场品牌，使农场自身信誉与区域公用品牌信誉绑在一起，同时建立质量检测机构，为所有使用区域公用品牌的产品进行质量检测，可以提高生态农产品的质量标准，防止出现鱼龙混杂、滥竽充数的现象。

2. 信息溯源机制

在追溯领域，因为农产品标准化程度低，追溯难度大，单独由农场进行产品信息溯源不现实，且目前农产品市场上的品控溯源体系混乱，鱼龙混杂，真假难辨。因此，要利用集体的力量，在区域公用品牌的层面上开发产品溯源系统和组建公司，在农场品牌层面做到每一个步骤都记录下来，上传到追溯系统中，让消费者在购买生态农产品的时候能够详细地了解到产品生产的每一步。

3. 农场个体品牌、区域公用品牌、地理标志、证明商标联动发展机制

4 类品牌联动发展机制是指产品包装上要有 4 类主体的标识，区域公用品牌占据主导地位，位于包装的核心位置，传递产品特色与定位；农场个体品牌居于次要位置，起承担和维护产品质量的作用；地理标志并不是每类产品都有，如果确有地理特色，可以在注册之后使用；证明商标用来辅助展示质量层次，通过第三方认证后可以使用。

(1) 区域公用品牌开拓市场，农场个体品牌维护质量

区域公用品牌由于有政府的支持，故可以有力地帮助众多小规模农场开拓市场；而农场个体品牌直接作为产品质量承担者，可以通过质量追溯系统为产品质量提供保证。

(2) 地理标志彰显区域特色，证明商标突显产品质量层次

地理标志主要是体现农产品区域特色的商标，对于没有地理特色的产品并不适用。而证明商标包括有机、绿色、合格 3 个层次认证，主要是用于证明产品质量。对于区域公用品牌而言，产品质量最低层次为绿色，如果再使用证明商标，则可以从中区分出有机产品，这样质量可信度会更高。

4. 准入与退出机制

目前的生态农产品市场还是一个精品市场，需要保证使用区域公用品牌的农产品的质量水平。所以每一个农场品牌，在加入区域公用品牌的时候，需要满足两个必要条件：一是通过政府或第三方质量检测；二是能够实现产品可追溯，即产品生产的步骤都能够及时记录下来。在满足条件之后，通过审核的农场方可使用区域公用品牌。退出机制，一是被动退出机制，即若农场在使用区域公用品牌的过程中，违反相关规定、质量不合格等，将被强制退出，不得再使用区域公用品牌；二是主动退出机制，即在农场品牌发展到一定规模后，区域公用品牌会对其发展产生拖累作用时主动申请退出，达到标准且审核通过后可退出。

知识拓展

农场营销案例分析

分享收获社区支持农业项目(以下简称“分享收获”)是由中国人民大学博士石嫣创建的一个致力于研究、推广社区食品安全的项目，该项目基地同时也是中国人民大学、清华大学的实践基地。目前，分享收获目前已经在北京市通州区西集镇马坊村拥有 60 亩蔬菜种植基地和 110 亩林地种植基地，在顺义区龙湾屯镇拥有 50 亩蔬菜种植基地和 230 亩果树种植基地，在黑龙江省五常市拥有 60 亩大米种植基地。一方面，分享收获通过自己组建物流，将基地生产的健康蔬菜、肉、蛋及符合分享收获标准的合作生态农场(农户)的农产品直接配送到会员家中，并且组织各种会员社群活动，推动消费者与农场之间互信团结的关系。目前“分享收获”已经提供服务的家庭超过 1500 户。另一方面，“分享收获”积极参与社会公益事业，已经在多所学校开展食育教育公益课程，农场每年设计的“新农人实

习生”项目培养了全国各地众多的返乡青年。通过农场的参观活动，每年近百场公益讲座，以及通过全国媒体报道关注，推广和传播生态农业、健康饮食以及生产者、消费者互信的理念。

分享收获在建设自己以直配为代表的零渠道的同时，通过大量新闻、人物宣传、纪实文学等方式，将农场主个人信息、生态发展理念、产品质量等信息传递给社会公众；同时，农场也建立了自己的新媒体促销体系，及时将环境、技术、产品等信息传递给消费者；最后，也是最为重要的是，农场坚守了生态种植，把质量好、安全的食物带给了消费者。这些坚持与现代营销理念完全一致，促成了分享收获的不断壮大。

思考题

1. 生态农产品销售中出现的主要问题是什么？原因是什么？如何解决？
2. 如何创建区域公用品牌与企业个体品牌？如何使两者协同发展？
3. 农产品品牌与工业品牌的创建规律有何不同？
4. 调研一个农场，了解其生态农场营销模式，参与其营销。通过全程参与找到农场营销的问题与解决对策。

第十章　生态农场财务管理

第一节　融资风险管理

一、融资风险来源

融资风险是筹资活动中由于筹资规划而引起收益变动的风险。融资风险会受到经营风险和财务风险的双重影响。从定义来看，融资风险，究其根本，是因为筹资改变了原有的生产经营计划、目标和资本结构等，而产生一系列的风险。融资风险的表现形式有以下几种。

（一）信用风险

项目融资所面临的信用风险是指项目有关参与方不能履行协定责任和义务而出现的风险。在农业项目中，各类投资方可能因为对项目判断改变而放弃投资，导致农场经营无法运转。

（二）完工风险

完工风险是指项目无法完工、延期完工或者完工后无法达到预期运行标准而带来的风险。项目的完工风险存在于项目建设阶段和试生产阶段，它是项目融资的核心风险之一。完工风险对项目公司而言意味着利息支出的增加、贷款偿还期限的延长和市场机会的错过。

（三）生产风险

生产风险是在项目试生产阶段和生产运营阶段中存在的技术、资源储量、能源和原材料供应、生产经营、劳动力状况等风险因素的总称。它是项目融资的另一个核心风险。生产风险主要表现在技术风险、资源风险、能源和原材料供应风险、经营管理风险。

（四）市场风险

市场风险是指在一定的成本水平下能否按计划维持产品质量与产量，以及产品市场需求量与市场价格波动所带来的风险。市场风险主要有价格风险、竞争风险和需求风险，这3种风险之间相互联系、相互影响。

（五）金融风险

项目的金融风险主要表现在项目融资中的利率风险和汇率风险两个方面。项目发起人与贷款人必须对自身难以控制的金融市场上可能出现的变化加以认真分析和预测，如汇率波动、利率上涨、通货膨胀、国际贸易政策的趋向等，这些因素会引发项目的金融风险。

(六)政治风险

项目的政治风险可以分为两大类：一类是国家风险，如借款人所在国现存政治体制的崩溃，对项目产品实行禁运、联合抵制、终止债务的偿还等；另一类是国家政治、经济政策稳定性风险，如税收制度的变更、关税及非关税贸易壁垒的调整、外汇管理法规的变化等。在任何国际融资中，借款人和贷款人都承担政治风险，项目的政治风险可以涉及项目的各个方面和各个阶段。

(七)环境保护风险

环境保护风险是指由于满足环保法规要求而增加新资产投入或迫使项目停产等风险。随着公众越来越关注工业化进程对自然环境的影响，许多国家颁布了日益严厉的法令来控制辐射、废弃物、有害物质的运输及低效使用能源和不可再生资源。“污染者承担环境债务”的原则已被广泛接受。因此，项目融资期内有可能出现的任何环境保护方面的风险也应该被重视。

二、融资风险评估

融资风险大小既可以用一些量化指标进行分析，也可以进行定性分析。

下列指标可以用于分析生态农场的财务、经营等各方面状况，也可以间接衡量融资前后对这些方面的影响，从而说明融资风险的相对大小。

(一)偿债能力分析

偿债能力分析可用于分析生态农场偿还到期债务的能力，是企业财务分析的一个重要方面，通过这种分析可以揭示生态农场的财务风险。假如农场已经存在很高的财务风险，再融资势必加大融资风险。

1. 短期偿债能力分析

(1)流动比率

流动比率=流动资产/流动负债

对于生态农场来说，流动资产主要包括货币资金、应收及预付款项、存货和一年内到期的非流动资产等；流动负债主要包括短期借款、应付及预收款项、一年内到期的非流动负债等。流动比率越高，说明企业偿还流动负债的能力越强。但是，流动比率过高，可能是因为未能充分有效利用货币资金，会影响生态农场的盈利能力。

(2)速动比率

速动比率=速动资产/流动负债

这一指标抛开了变现能力差的流动资产，如存货、预付账款、一年内到期的非流动资产等，更能有效说明生态农场的偿债能力。

(3)现金比率

现金比率=现金及其等价物/流动负债

这一指标可以反映生态农场的直接偿付能力。

（4）现金流量比率

现金流量比率=经营活动产生的现金流量净额/流动负债

流动比率、速动比率和现金比率都是反映短期偿债能力的静态指标，揭示了某一时刻现存资产对偿还到期债务的保障程度。而现金流量比率是从动态的角度反映生态农场的偿债能力。从现金流量表上得到的是过去一个会计年度经营活动产生的现金流，而现金流量比率需要的是未来一个会计年度产生的现金流量，所以要做现金流预算。

2. 长期偿债能力分析

（1）资产负债率

资产负债率=（负债总额/资产总额）×100%

资产负债率可以反映生态农场的综合偿债能力。对于经营范围不同的生态农场来说，没有一个统一的标准来衡量资产负债率高低的好坏。例如，处于成长期的生态农场，资产负债率可能会高一些，这样能够得到更好的发展机会。经营者在确定生态农场某一时期的资产负债率时，要充分考虑生态农场内在及外在的各种影响因素。权衡风险与报酬之间的利弊与得失之后，再做出财务决策。

（2）偿债保障比率

偿债保障比率=负债总额/经营活动产生的现金流量净额

该比率反映了用生态农场经营活动中产生的现金流量净额偿还全部债务所需的时间，所以该比率也被称为债务偿还期。偿还债务的现金流量来源有 3 个方面：第一，经营活动产生的现金流量；第二，投资活动产生的现金流量；第三，筹资活动产生的现金流量。其中经营活动产生的现金流量是经常性的，也是生态农场获得长期资金的最主要来源。因此，使用经营活动产生的现金流量进行融资风险分析。

（二）营运能力分析

营运能力分析可用于分析生态农场的营业状况及经营管理水平，其与资金周转状况息息相关。在一定条件下，资金周转速度快的生态农场，其经营管理水平较高，资金利用效率也较高，那么其融资风险就相对较低。

1. 应收账款周转率

应收账款周转率=赊销收入净额/应收账款平均余额

应收账款平均收账期=360/应收账款周转率

应收账款周转率反映了生态农场应收账款流动性的大小，该比率越高，说明应收账款的周转速度越快、流动性越强。应收账款周转率过高，可能是因为生态农场制定并执行了比较严格的信用政策，这样做的负面影响是会限制生态农场的销售量，从而影响生态农场的盈利水平。

对于生态农场来说，由于销售量可能受季节影响较大，此时指标中的应收账款余额不应采用年初和年末的平均值，而应采用年度内各个月或季度余额的平均值。

2. 存货周转率

存货周转率=销售成本/存货平均余额

存货周转天数=360/存货周转率

存货周转率反映生态农场存货的变现速度，衡量生态农场的销售能力及存货是否过量。在正常经营情况下，存货周转率高，说明存货库存管理的水平高，销售状况良好，资产流动性较好，资金利用效率较高。如果存在特殊的原因，如通货膨胀比较严重，增加存货储备量反而可以降低存货采购成本，对生态农场经营有利。

对于生态农场来说，其生产经营活动具有很强的季节性，年度内各季度的销售成本与存货都有很大的波动性。因此，存货余额可以按各月份或各季度余额的平均值来计算。

3. 流动资产周转率

流动资产周转率=销售收入/流动资产平均余额

4. 固定资产周转率

固定资产周转率=销售收入/固定资产平均净值

5. 总资产周转率

总资产周转率=销售收入/资产平均总额

流动资产周转率、固定资产周转率和总资产周转率都是用来反映资产利用效率的综合指标。并没有一个固定的标准来评定资产周转率是否适当，要结合生态农场的发展阶段、经营范围及行业特点来确定。

(三)盈利能力分析

盈利能力分析可用于分析生态农场经营管理水平和获取利润的能力。获取利润能力强的生态农场，其生存和发展的机会就大，其融资风险也就相对较低。

1. 资产息前利润率

资产息前利润率=息前利润/资产平均总额

该比率用来评价生态农场利用全部经济资源获取报酬的能力，从而反映生态农场的盈利能力。一般情况下，只要生态农场的资产息前利润率大于负债利息率，生态农场就有足够的收益用于支付债务利息，因此该比率也能够评价生态农场的偿债能力。

2. 资产利润率

资产利润率=利润总额/资产平均总额

在存在借款利息的情况下，该比率表明在支付债权人利息之后的盈利水平。该比率能更直观地表明生态农场是否亏损。

3. 销售利润率

销售利润率=利润总额/营业收入净额

该比率高，说明生态农场销售的产品适销对路，可以考虑扩大生产规模，赚取更多利润。

(四)发展能力分析

发展能力分析可用于分析生态农场在从事生产经营活动过程中所表现的增长能力，如规模的扩大、盈利的持续增长、市场竞争力的增强等。发展能力强的生态农场，其资本积累快，融资风险也会较低。

1. 销售增长率

销售增长率=本年营业收入增长额/上年营业收入总额

该比率反映了生态农场营业收入的变化情况，而且可以通过比较不同年份的变化情况，观察生态农场营业收入的变化趋势。该比率越高，说明生态农场的发展能力越强。

2. 资产增长率

资产增长率=本年总资产增长额/年初资产总额

该比率可以用来衡量生态农场资产规模的扩张速度。一般来说，资产增长率越高，说明生态农场的发展能力越强，竞争力水平越高。在关注生态农场资产总额增长速度的同时，也要注意其增长的可持续性。

3. 利润增长率

利润增长率=本年利润总额增长额/上年利润总额

该项比率可以反映出生态农场利润的增长水平。该比率越高，说明其生存、发展的能力越强。通过连续观察该比率的变化，可以看出其发展的可持续性。在存在下降的趋势时，要找出问题产生的原因，以便及时予以更正。

三、融资风险控制

融资风险按是否可以规避，分为可控风险和不可控风险。常见的可控风险有资金运用风险、项目控制风险、资金供应风险、资金追加风险、利率变动风险；常见的不可控风险有自然灾害、战争等。建立完善的融资内部控制制度和工作流程可以规避可控融资风险。

融资风险控制方法大致可以分为两类：融资风险内部控制和融资危机管理。融资风险内部控制又包括融资目标控制、融资工作流程控制和融资团队行为控制。融资危机管理又包括融资风险评估、建立融资风险预警体系、设置融资危机处理预案、预案的采取和危机化解以及善后处理。

现金流预算表既可以用于融资风险内部控制，又可以用于建立现金流预警体系，所以编制现金流预算表对于生态农场控制融资风险至关重要。

编制现金流预算表的通用格式见表 10-1 所列。

表 10-1 现金流预算表

序号	事项或交易	第一期	第二期
1	期初现金余额		
	现金流入：		
2	农产品销售收入		
3	生产性资产的销售		
4	其他现金收入		
5	现金流入总额		
	现金流出：		
6	农场运营费用		
7	生产性资产的购买		
8	其他费用		
9	现金流出总额		

（续）

序号	事项或交易	第一期	第二期
10	现金余额		
11	需要借入的资金		
12	本金与利息的偿还		
13	本期现金余额		
14	未偿还的负债		

（引自 Ronalad D. Kay，*Farm Management*）

由于生态农场在我国的发展还处于初级阶段，经营主体不具备编制复杂的现金流预算表的条件，所以编制的现金流预算表既要简化，又要确保符合完整性、精确性、逻辑性、系统性的要求。

编制过程中需要注意以下事项：

①第二期要在第一期完成之后填写。

②可以先编制整个年度的现金流预算，然后细化到每个季度、每个月、每个周等。

③现金流预算表的编制可以使用滚动的方法，下一期根据上一期的实际情况进行编制。

④可以从不同的起点进行编制。如现金收支法、调整收益法、估计资产负债表法。

第二节　生态农场财务报表

财务报表是对生态农场财务状况、经营成果和现金流量的结构性表述。对于生态农场来说，资产负债表、利润表以及附注是实施农场规范化管理必须编制的，而现金流量表和所有者权益变动表可以根据农场的经营需要选择性编制。

一、编制财务报表的基本要求

(一) 列报基础

在编制财务报表的过程中，农场主应当利用所有可获得的信息来评价生态农场自报告期末起至少 12 个月的持续经营能力。评价时需要考虑的因素包括宏观政策风险、市场经营风险、财务风险和自然灾害带来的风险等。在综合考虑上述风险后，如果认为生态农场不能持续经营，那么就要采用非持续经营为基础编制的财务报表。在非持续经营情况下，农场主应当在附注中声明财务报表未以持续经营为基础，披露未以持续经营为基础的原因以及财务报表的编制基础。

(二) 列报的一致性

可比性是会计信息质量的一项重要质量要求，目的是使同一生态农场不同时期和同一时期不同生态农场的财务报表相互比较。因此，财务报表项目的列报应当在各个会计期间保持一致，不得随意变更。只有在下面两种特殊的情况下，财务报表项目的列报是可以改变的：一种是会计准则要求改变；另一种是生态农场经营业务的性质发生重大变化或对生态农场经营影响较大的交易或事项发生后，变更财务报表的列报能够提供更可靠、更相关的会计信息。

(三)财务报表项目金额间的相互抵消

财务报表项目应当以总额列报，资产和负债、收入和费用不能相互抵消，不能以净额列报。例如，生态农场欠客户的应付账款不得与其他客户欠该生态农场的应收账款相互抵消，否则就掩盖了交易的实质。

以下 3 种情况不属于抵消但可以以净额列示：①一组类似交易形成的利得和损失以净额列示，不属于抵消；②资产或负债项目按扣除备抵科目后的净额列示，不属于抵消；③非日常活动产生的损益以净额列示，更有利于报表使用者的理解，也不属于抵消。

(四)比较信息的列报

比较信息是指包含于财务报表中的，符合适用的财务报告编制基础的，与一个或多个前期相关的金额和披露，包括对应数据和比较财务报表。生态农场至少应当提供所有列报项目上一可比会计期间的比较数据，以便于对生态农场的发展趋势做出分析。

在财务报表项目的列报确需变更的情况下，农场主应当对上期比较数据按当期的列报要求进行调整，并在附注中披露调整的原因和性质，以及调整的各项目金额。但是在某些情况下，对上期比较数据进行调整是不切实可行的，应当在附注中披露不能调整的原因。

(五)财务报表结构的要求

财务报表一般分为表首、正表两部分。

表首应概括说明下列基本信息：①编报生态农场的名称；②对资产负债表而言，须披露资产负债完整信息，而对利润表、现金流量表、所有者权益变动表而言，须披露报表涵盖的会计期间；③货币名称和单位。

在我国，资产负债表的正表应采用账户式结构；利润表的正表应采用多步式结构；所有者权益变动表的正表应以矩阵的形式列示。

(六)报告期间

《中华人民共和国会计法》规定，会计年度自公历 1 月 1 日起至 12 月 31 日止。生态农场应在所属会计期间内编制年度财务报表。自生态农场初始建立到该年 12 月 31 日可能短于一年，但仍然需要在本会计年度结束后编制年度财务报表。

二、资产负债表的内容与格式

(一)资产负债表的内容

资产负债表是指反映生态农场某一特定日期财务状况的报表。通过资产负债表可以了解生态农场在某一特定日期所拥有或控制的经济资源和所承担的现时义务。通过编制完整、连续的资产负债表可以进行一系列的财务分析，如资产的流动性分析、长短期偿债能力分析和财务趋势分析等。

(二)资产负债表的格式

在我国，资产负债表采用账户式结构，报表分为左右两栏，左栏列示资产各项目，反映全部资产的分布及存在形态；右栏列示负债和所有者权益各项目，反映全部负债和所有者权益的内容及构成情况。根据会计恒等式“资产=负债+所有者权益”，资产负债表左右两部分要保持平衡。

此外，为了方便使用者通过比较不同时点资产负债表的数据，掌握生态农场财务状况的变动情况及发展趋势，需要提供比较数据，即资产负债表各项目再分为“期末余额”和“期初余额”两栏。账户式资产负债表的一般格式见表 10-2 所列。

表 10-2 资产负债表

编制单位： 年 月 日 元

资产	期末余额	期初余额	负债和所有者权益	期末余额	期初余额
流动资产：			流动负债：		
货币资金			短期借款		
应收票据			应付工资		
应收账款			应付利息		
应收生活垫支款			应付账款		
预付账款			其他应付款		
其他应收款			预收账款		
存货			其他流动负债		
其中：原材料			流动负债合计		
农产品			非流动负债：		
周转材料			长期借款		
委托加工物资			长期应付款		
委托代销商品			未确认融资费用		
幼畜及育肥畜			预计负债		
消耗性林木资产			递延收益		
其他流动资产			其他非流动负债		
流动资产合计			非流动负债合计		
非流动资产：			负债合计		
生产性生物资产			所有者权益：		
减：生产性累计折旧			经营资本金		
生物性在建工程			未分配利润		
固定资产			所有者权益合计		
减：累计折旧			公共权益		
固定资产清理			公共权益合计		
在建工程					

（续）

资产	期末余额	期初余额	负债和所有者权益	期末余额	期初余额
工程物资					
无形资产					
减：累计摊销					
长期待摊费用					
长期应收款					
未实现融资收益					
其他非流动资产					
非流动资产合计					
资产合计			权益合计		

资产负债表编制说明：

1. 本表反映生态农场经济组织某一特定日期全部资产、负债和所有者权益的状况。

2. 本表中的“期初余额”应按上一期资产负债表“期末余额”栏内所列数字填列。如果本期资产负债表规定的名称和内容同上一期不一致，应对上一期期末资产负债表各项目的名称和数字按照本期的规定进行调整，填入本表“期初余额”栏，并加以书面说明。

3. 本表“期末余额”下的各项目的内容和填列方法如下：

(1)“货币资金”项目：反映生态农场库存现金、银行存款等货币资金的合计数。本项目应根据“库存现金”“银行存款”科目的期末余额填列。

(2)“应收票据”项目：反映农场收到的未到期收款且未向银行贴现的应收票据(银行承兑汇票和商业承兑汇票)。本项目应根据“应收票据”科目的期末余额填列。

(3)“应收账款”项目：反映生态农场经济组织在日常经济活动中发生的应收而未收的各种款项。本项目应根据“应收账款”科目的期末余额和计提的“坏账准备”科目的期末余额计算填列。

(4)“应收生活垫支款”项目：反映生态农场经济组织为农场主家庭生活垫支的各种资金和提供的各种农产品。本项目应根据“应收生活垫支款”科目的期末余额填列。

(5)“预付账款”项目：反映生态农场经济组织在日常经济活动中发生的事先预付的各种款项。本项目应根据“预付账款”的期末借方余额填列。

超过一年期以上的预付账款的借方余额，应当在“其他非流动资产”项目列示。

(6)“其他应收款”项目：反映生态农场经济组织除“应收账款”“预收账款”等科目之外的各种应收和暂付款项。本项目应根据“其他应收款”科目的期末余额填列。

(7)“存货”项目：反映生态农场经济组织在库、在途和期末未结转的存货的生产成本。包括各种原材料、周转材料、在产品、产成品、消耗性生物资产等。本项目应根据“原材料”“农产品”“周转材料”“委托加工物资”“委托代销商品”“幼畜及育肥畜”“消耗性林木资产”等科目的期末余额和“存货跌价准备”科目的期末余额分析合并填列。

(8)“其他流动资产”项目：反映除以上流动资产项目外的其他流动资产(包括一年内到期的非流动资产)。本项目应根据有关项目的期末余额分析填列。

(9)“生产性生物资产”项目：反映生态农场经济组织生产性生物资产的账面价值。

(10)“生物性在建工程”项目：反映生态农场经济组织未成熟生产性生物资产发生的实际成本。

(11)“固定资产”项目：反映生态农场经济组织固定资产的账面价值。

(12)“固定资产清理”项目：反映生态农场经济组织因出售、报废、毁损等原因转入清理但尚未清理完毕的固定资产的账面净值，以及固定资产清理过程中所发生的清理费用和变价收入等各项金额的差额。本项目应根据“固定资产清理”科目的期末借方余额填列；如为贷方余额，本项目应以“-”号表示。

(13)“在建工程”项目：反映生态农场经济组织各项尚未完工或已完工但尚未办理竣工决算的工程项目实际成本。

(14)“工程物资”项目：反映生态农场经济组织为在建工程准备的各种物资的成本。包括工程用材料、尚未安装的设备以及为生产准备的工器具等。

(15)“无形资产”项目：反映生态农场经济组织无形资产的账面价值。本项目应根据“无形资产”科目的期末余额减去“累计摊销”科目的期末余额后的金额填列。

(16)“长期待摊费用”项目：反映生态农场经济组织尚未摊销完毕的已提足折旧的固定资产的改建支出、经营租入固定资产的改建支出、固定资产的大修理支出和其他长期待摊费用。本项目应根据“长期待摊费用”科目的期末余额分析填列。

(17)“长期应收款”项目：反映生态农场经济组织各种应收未收的长期应收款项，如分期收款销售生产性生物资产。本项目应根据“长期应收款”科目的期末余额填列。

(18)“未实现融资收益”项目：反映农场因类似对外投资活动而获得的未实现收益。本项目应根据“未实现融资收益”科目的期末余额填列。

(19)“其他非流动资产”项目：反映生态农场经济组织除以上非流动资产以外的其他非流动资产。本项目应根据有关科目的期末余额分析填列。

(20)“短期借款”项目：反映生态农场经济组织向银行或其他金融机构等借入的、期限在一年内的、尚未偿还的各种借款本金。本项目应根据“短期借款”科目的期末余额填列。

(21)“应付工资”项目：反映生态农场经济组织应付未付的薪酬。包括临时工工资和农场主报酬。

(22)“应付利息”项目：反映生态农场经济组织尚未支付的利息费用。本项目应根据“应付利息”科目的期末余额填列。

(23)“应付账款”项目：反映生态农场经济组织因购买材料、商品和接受劳务等日常生产经营活动而产生的尚未支付的款项。本项目应根据“应付账款”科目的期末余额填列。如“应付账款”科目期末为借方余额，应当在“预付账款”项目列示。

(24)“其他应付款”项目：反映生态农场经济组织除应付账款、预收账款、应付工资、应付利息等以外的其他各项应付、暂收的款项。包括应付租入固定资产和包装物的租金、存入保证金等。本项目应根据“其他应付款”科目的期末余额填列。

(25)“预收账款”项目：反映生态农场经济组织根据合同规定预收的款项。本项目应根据“预收账款”科目的期末贷方余额填列。如“预收账款”科目期末为借方余额，应当在“应收账款”项目列示。

一年期以上的预收账款的贷方余额应当在“其他非流动负债”项目列示。

(26)“其他流动负债”项目：反映生态农场经济组织除以上流动负债以外的其他流动负债(含一年内到期的非流动负债)。本项目应根据有关科目的期末余额填列。

(27)“长期借款”项目：反映生态农场经济组织向银行或其他金融机构借入的期限在一年以上的、尚未偿还的各项借款本金。本项目应根据“长期借款”科目的期末余额分析填列。

(28)“长期应付款”项目：反映生态农场经济组织除长期借款以外的其他各种应付未付的长期应付款项。包括应付融资租入固定资产的租赁费、以分期付款方式购入固定资产发生的应付款项等。本项目应根据“长期应付款”科目的期末余额分析填列。

(29)“未确认融资费用”项目：反映农场因类似筹资活动(如融资租入资产等)而未确认支付的融资费用。

(30)“预计负债”项目：是指因或有事项可能产生的负债，包括对外提供担保、未决诉讼或未决仲裁等产生的预计负债。

(31)“递延收益”项目：反映生态农场经济组织收到的、应在以后期间计入损益的政府补助。本项目应根据“递延收益”科目的期末余额分析填列。

(32)“其他非流动负债”项目：反映生态农场经济组织除以上非流动负债项目以外的其他非流动负债。本项目应根据有关科目的期末余额分析填列。

(33)“经营资本金”项目：反映农场主投入的生产经营资金，是生态农场的业主权益，包括农场主投入的自有资金和从利润分配中转增的经营资本金。本项目应根据“经营资本金”科目的贷方余额填列。

(34)“未分配利润”项目：反映生态农场经济组织尚未分配的历年结存的利润。本项目应根据“利润分配”科目的期末余额填列。未弥补的亏损，在本项目内以“-”填列。

三、利润表的内容与格式

(一)利润表的内容

利润表是反映生态农场在一定会计期间的经营成果的报表。通过利润表可以了解经营业绩的主要来源和构成，有助于使用者判断净利润的质量及其风险，有助于使用者预测净利润的持续性，从而做出正确的决策，如是否满足贷款条件。通过编制完整、连续的利润表可以对生态农场的盈利能力、发展能力等进行分析。

(二)利润表的格式

在我国，利润表通常采用多步式结构，即对当期的收入、费用、支出项目按性质加以归类，按利润形成的主要环节列示一些中间性利润指标，分步计算当期净利润。

此外，为了方便使用者通过比较不同期间利润的实现情况，判断生态农场经营成果的未来变动情况及发展趋势，需要提供比较数据，即利润表各项目再分为“本期累计金额”和“上期金额”两栏。利润表的一般格式见表10-3所列。

表 10-3　利润表

编制单位：　　　　　　　　　　　　　　　　年度：　　　　　　　　　　元

项　目	本期累计金额	上期金额
一、营业收入		
减：营业成本		
管理费用		
销售费用		
财务费用		
二、经营利润(亏损以"-"号填列)		
加：营业外收入		
其中：政府补助		
捐赠收益		
减：营业外支出		
其中：坏账损失		
自然灾害等不可抗力因素造成的损失		
三、利润总额		
加：上期未分配利润		
四、本期可分配利润		
减：农场主分利		
其他		
五、本期末未分配利润		

利润分配表编制说明：

1. 本表反映生态农场经济组织的经营成果及其分配的实际情况。

2. 本表主要内容及其填列方法如下：

(1)"营业收入"项目：反映生态农场经济组织进行农产品销售和提供劳务所实现的收入总额。本项目应根据"经营收入"科目和"其他收入"的本期发生额合计填列。

(2)"营业成本"项目：反映生态农场经济组织进行各种农产品的生产和提供劳务所发生的成本总额。

(3)"管理费用"项目：反映生态农场经济组织为组织和管理生产经营发生的其他费用。本项目应根据"管理费用"科目的发生额填列。

(4)"销售费用"项目：反映生态农场经济组织销售农产品或提供劳务过程中发生的费用。本项目应根据"销售费用"科目的发生额填列。

(5)"财务费用"项目：反映生态农场经济组织为筹集生产经营所需资金发生的筹资费用。本项目应根据"财务费用"科目的发生额填列。

(6)"经营利润"项目：反映生态农场经济组织当期开展日常生产经营活动实现的利润。本项目应根据营业收入扣除营业成本、销售费用、管理费用和财务费用后的金额填列。如为亏损，以“-”号填列。

(7)“营业外收入”项目：反映生态农场经济组织实现的各项营业外收入金额，包括非流动资产处置净收益、政府补助、捐赠收益、盘盈收益、出租包装物和商品的租金收入、逾期未退包装物押金收益、确实无法偿付的应付款项、已做坏账损失处理后又收回的应收款项、违约金收益等。本项目应根据“营业外收入”科目的发生额填列。

(8)“政府补助”项目：反映生态农场经济组织获得的财政等有关部门的补助资金。本项目应根据相关科目的本期发生额分析填列。

(9)“捐赠收益”项目：反映生态农场经济组织获得其他单位或个人的捐赠资金。本项目应根据相关科目的本期发生额分析填列。

(10)“营业外支出”项目：反映生态农场经济组织发生的各项营业外支出金额。包括存货的盘亏、毁损、报废损失，非流动资产处置净损失，坏账损失，自然灾害等不可抗力因素造成的损失，罚金，罚款，被没收财物的损失，捐赠支出，赞助支出等。本项目应根据“营业外支出”科目的发生额填列。

(11)“坏账损失”项目：反映生态农场经济组织无法收回的各种款项。

(12)“自然灾害等不可抗力因素造成的损失”项目：反映由于无法预料到的自然灾害对农场的经营活动造成的损失。本项目应根据相关科目本期发生额填列。

(13)“利润总额”项目：反映生态农场经济组织当期实现的利润总额。本项目应根据经营利润加上营业外收入减去营业外支出后的金额填列。如为亏损总额，本项目数字以“-”号填列。

(14)“农场主分利”项目：反映农场主经营农场所获得的利润分配。本项目应根据“利润分配”科目的相关明细科目的本期发生额填列。

(15)“其他”项目：反映对农场主之外的单位或个人进行的利润分配。本项目应根据“利润分配”科目的相关明细科目的本期发生额填列。

(16)“本期末未分配利润”项目：反映留存在生态农场内部未进行分配的累计利润。本项目应根据本期可分配利润项目减去各项分配数额的差额填列。如为未弥补的亏损，本项目数字以“-”号填列。

四、现金流量表的内容与格式

(一)现金流量表的内容

现金流量表是指反映生态农场在一定会计期间现金和现金等价物流入和流出的报表。从编制原则上看，现金流量表按收付实现制原则编制，将权责发生制下的盈利信息调整为收付实现制下的现金流量信息，便于信息使用者了解生态农场净利润。从内容上看，现金流量表被划分为经营活动、投资活动和筹资活动 3 个部分。通过现金流量表，使用者可以了解到现金流量的影响因素，弥补了资产负债表和利润表提供信息的不足，进一步提供生态农场在支付能力、偿债能力和周转能力等方面的信息以及为预测未来现金流打下基础。

(二)现金流量表的格式

在现金流量表中，现金及现金等价物被视为一个整体，现金形式的转换不会产生现金的流入和流出。根据生态农场业务活动的性质和现金流量的来源，现金流量表在格式上分为 3 个部分，分别是经营活动产生的现金流、投资活动产生的现金流和筹资活动产生的现金流。

五、附注的内容与格式

附注是对资产负债表、利润表和现金流量表等报表中列示项目的文字描述或明细资料，以及对未能在这些报表中列示项目的说明等，是财务报告的重要组成部分。

附注应当按如下顺序至少披露下列内容：

①生态农场的基本情况；

②财务报表的编制基础；

③遵循相关会计准则的声明；

④重要会计政策和会计估计；

⑤会计政策和会计估计变更以及差错更正的声明；

⑥重要报表项目的说明；

⑦其他需要说明的重要事项；

⑧有助于财务报表使用者评价生态农场的管理目标、政策及程序的信息。

知识拓展

生态农场外部收益会计科目设置与核算设计

一、创新生态农场会计科目设置

(一) 新科目设计指导思想

生态农场与石化农场相比，最主要的特征是，生态农场除经济效益外，同时兼顾生态效益与社会效益。但在现有的农业会计科目中，并没有相应的会计科目可以衡量生态农场的生态价值与社会价值。因此，生态农场必须形成一套自己独有的会计体系，把生态效益与社会效益相对准确地计算出来。

(二) 新科目设置

1. 增加以生态价值与社会效益为代表的外部收益测算科目

正常的会计准则中，凡是不能以货币准确计量的活动都无须设计会计科目。这是目前会计准则没有外部收益测算科目的主要原因。生态农场由于自身技术的特殊性，其价值还体现在有会计无法核算的外部收益上。因此，要提升生态农场会计制度效率，可以试着突破现有的会计制度，设计相应的外部收益核算科目，其功能相当于现有会计体系中的收入科目。

2. 增加公共产品会计科目

根据“有贷必有借、借贷必相等”原则，当外部收益形成时，记在贷方，直接作为收入平等类科目处理。由于外部收益在生产过程或者销售过程中直接形成，而且没有额外成本产生，因此可以将这种外部收益作为公共产品处理，公共产品科目平行于现有的资产类科目。这样，与收入平行的外部收益增加时，与资产平行的公共产品也直接增加。解决了外部收益在会计科目上的对称问题。

3. 增加公共权益科目

农场的社会效益与生态效益都是正外部性，而正外部性的获得需要农场投入更多资产。从公共产品理论视角来说，这些正外部性的产生需要相应的资产作为支撑。而这些资产所需的投资既不能来自于所有者投资，更不应来自债权人，它应该由社会来投资，而代表社会责任的权益在以往的任何会计体系中都没有。因此，可以在生态农场会计体系中增加公共权益部分，它与所有者权益、债权人权益，共同构成生态农场资产。政府购买农场的公共产品，就相当于在农场内部拥有了公共权益。政府可以出台相关法律，在农场经营决策影响公共利益时，政府享有的公共权益可以参与决策，并拥有相应的投票表决权。生态农场中的公共权益是政府支持并管理好生态农场的重要依据。

上述3类科目的设计既可以相对准确地计算出生态的正外部性，也可以为政府投资与补贴提供准确的依据。结合小企业会计准则要求，生态农场会计在日常核算中应主要设置的会计科目见表10-4。

表10-4　生态农场会计科目表

序号	名称	序号	名称
一、资产类		20	生物资产累计折旧
1	现金	21	生物性在建工程
2	银行存款	22	生物性在建工程减值准备
3	应收票据	23	成熟生产性生物资产减值准备
4	应收账款	24	长期应收款
5	应收生活垫支款	25	未实现融资收益
6	预付账款	26	固定资产
7	其他应收款	27	累计折旧
8	坏账准备	28	固定资产减值准备
9	原材料	29	在建工程
10	农产品	30	在建工程减值准备
11	周转材料	31	工程物资
12	委托代销商品	32	固定资产清理
13	委托加工物资	33	无形资产
14	一年内到期的非流动资产	34	累计摊销
15	存货跌价准备	35	无形资产减值准备
16	消耗性林木资产	36	长期待摊费用
17	消耗性林木资产跌价准备	37	待处理财产损益
18	幼畜及育肥畜	二、负债类	
19	生产性生物资产	38	短期借款

（续）

序号	名称	序号	名称
39	应付工资	56	制造费用
40	应付利息	六、损益类	
41	应付账款	57	经营收入
42	其他应付款	58	其他收入
43	预收账款	59	营业外收入
44	一年内到期的非流动负债	60	经营支出
45	预计负债	61	其他支出
46	递延收益	62	管理费用
47	长期借款	63	财务费用
48	长期应付款	64	销售费用
49	未确认融资费用	65	资产减值损失
三、所有者权益类		66	营业外支出
50	经营资本金	67	以前年度损益调整
51	本年利润	七、外部收益类	
52	利润分配	68	就业效益
四、公共权益类		69	扶贫效益
53	政府公共权益	70	健康效益
54	农民集体经济组织公共权益	71	有机垃圾消纳效益
五、成本类		72	水净化效益
55	农业生产成本	73	空气净化效益

二、新设会计科目计算

（一）社会效益测算

生态农场社会效益测算指标包括健康寿命支付意愿、就业效益等。

1. 健康寿命支付意愿测算

近年来，食品安全问题逐渐成为人们关心的话题，伴随着人们生活水平的提高，对健康食品的需求不断上升。根据现有研究，可以便捷地测算人们对健康寿命的支付意愿，即健康寿命延长效益=农场养活人口数×延长的健康寿命×意愿支付额度。徐蕊、王芹在计算延长寿命森林支付意愿时，通过掌握森林可能延长人类寿命的年限和居民愿意为延长寿命支付的额度，参照当地人口数计算总量，即人口寿命效益=当地人口数量×寿命延长年限×愿意支付额度。

2. 就业效益测算

根据农场面积，石化农场亩均用工人数与生态农场亩均用工人数之差，再乘以农场工人年均工资，就是额外的就业效益。

（二）生态效益测算

生态农场生态效益测算指标主要包括有机垃圾消纳效益、水源净化效益和空气净化效益等，以下分析从这3个指标展开。

1. 有机垃圾消纳效益测算

生态农场每亩年均消化有机垃圾量×政府处理垃圾成本=垃圾消纳效益。例如，有机垃圾政府处理成本为150元/吨，如果用于发展生态农业，政府支出为0，其节省的费用就是生态农场有机垃圾消纳效益。

2. 水源净化效益测算

石化农业农区地表水多是Ⅲ类水，而生态农业可以将Ⅲ类水净化为Ⅱ类水。将Ⅲ类水净化成Ⅱ类水的成本×每亩年均涵养含量=水源净化效益。

3. 空气净化效益测算

由光合作用方程式得出，绿色植物每生产1克干物质需要吸收1.63克二氧化碳，同时会释放1.19克氧气。它包括固定二氧化碳的价值和释放氧气的价值两方面。根据刘利花等人的方法，采用造林成本法（每吨碳260.90元）和瑞典碳税法（每吨碳927元）的均值估算固定二氧化碳的价值为每吨碳593.95元。采用工业制氧法（每吨氧400元）和造林成本法（每吨氧352.93元）的均值估算释放氧气的价值为每吨氧376.47元。

三、其他科目计算

除上述科目外，生态农场其他会计科目计算参见中小企业会计准则。

思考题

1. 生态农场会计科目与一般农业企业有何不同？
2. 生态农场如何获得有效融资？
3. 从生态农场中获得15个实际财务数据，并练习记账。

第十一章　生态农场联合管理

第一节　生态农场联合概述

生态农场联合是指生态农场通过不同的机制联合起来，形成一个更高层次的组织载体。我国生态农场与现在的小农户一样，在没有组织性的情况下不仅遇到了“小生产、大市场”产品销售问题，还产生了生产成本难以降低等生产问题，农场联合问题的解决已经迫在眉睫。

一、生态农场联合的必要性

(一) 生态农场联合可以降低农场的整体成本

在生态农场发展过程中，成本因素制约了生态农场的发展。而成本的降低需要各类农场实现聚集，如种植与养殖农场的聚集可以分别降低双方的肥料与饲料成本。而农家乐、民宿、自然教育、亲子教育、乡村旅游等企业的聚集可以降低农场的营销成本，同时增加教育与旅游的深度。正是这种各类企业发展的内在相互需要使得生态农场必须组织化。

(二) 生态农场联合可以形成农村经济发展的增长极

从生态农业角度来说，高度组织化的生态农场可以提供更加丰富的产品，进而可以促进社区支持农业发展，推进城乡融合；可以成立各类农产品加工、营销企业，这些企业与生态农场相互促进，协同发展，实现乡村产业聚集；在产业聚集的基础上，依托农村环境优势，各类消费性企业也会集聚，如餐饮、住宿、文化、教育等企业。只要生态农场实现了组织化发展，就可以带来更多类型企业的集聚，进而形成农村产业发展的增长极。

二、农场联合降低生态农产品成本的内在机制

(一) 规模化发展降低生态恢复成本

生态农业发展初期最大的成本来自生态环境恢复。对于多年发展石化农业的地区，其生态系统基本崩溃，农业生产病虫害防治主要靠各类化学农药支撑。隔离带保证其他地区化肥、杂草种子与农药不会通过水、空气影响到本农场；而保育带则可以在农场内部为生态系统中的天敌提供繁衍的场所。在隔离带与保育带建设基础上，坚持 3 年不用任何广谱化学农药，才可恢复生态，让天敌与害虫之间保持平衡，最终实现不用化学农药的目标。这个过程对于普通农户来说成本巨大。但如果可以在一个较大区域内共同发展生态农业，首先隔离带建设成本可以省去，而保育带也可以由村庄、行道树、风水林等替代，不但节

省耕地，还可增加农场经营用地，显著降低成本。

（二）多层次循环降低物质投入成本

生态农场的物质成本之所以高于石化农业，主要在于运输与劳动成本，而非购买成本。如果在一个区域内实现种养循环，种植业秸秆就地转化成养殖业饲料，而养殖业粪便再转化成种植业有机肥，种养业成本都会显著降低。实现生产与加工循环后，农产品加工副产品会就地转化成饲料与肥料，持续降低投入成本。生产与消费循环建立后，原本作为垃圾处理的厨余也会转化成饲料与肥料。综合来看，种养循环、工农循环、生产与消费循环一旦形成，生态农场的物质投入成本会大幅降低。

（三）业务聚集降低人工成本与金融成本

生态农产品成本高的另外一个重要原因是人工成本高。在城市高工资拉动以及农村环境缺乏人际吸引力的共同作用下，农场工资只有略高于城市才能吸引年轻人。如果能在农村实现种养、加工、服务等不同业务聚集发展，会有大量的年轻人聚集到一起，形成良好的人际吸引力。再加上农村自然环境优于城市，农村的工资不必高于城镇就可获得劳动力。当农村中有足够的劳动力时，因为各类业务可错峰发展，劳动力可以实现互补式劳动（如平时忙于生产，周末忙于服务等），减少因纯农业生产而带来的季节性闲置，进而有效降低生态农业发展的人工成本。

此外，业务集聚还包括金融业务。生态农业因投资较大，会产生较高的财务成本。而一旦合作社可以发展内置式金融，可以将金融业务融合到合作社中，农场作为合作社成员，其财务成本也会有所降低。

（四）消费性服务业降低营销成本

生态农产品价格高昂的另外一个重要原因是营销成本偏高。因为消费者对生态农业不了解、不信任，所以获得有效顾客的营销成本非常高。如果能在农村将消费性业务，如餐饮、民宿、研学以及乡村旅游等，与生态农业进行融合式发展，消费者在尝试生态农产品美味、享受生态农业带来的好环境和好产品后，就可建立起初步信任。只要服务到位，就有可能以较低的成本获得有效客户，进而降低生态农场的营销成本。

（五）共同富裕降低社会成本

社会成本主要来自地方农民的不了解、不支持，甚至刻意破坏、偷窃等，如一些地方之所以不敢发展稻鸭共养，是因为鸭子经常被偷。而一旦在一个区域全面推广生态农业，并实现三产融合式发展，就可以为区域内所有农民提供大量创业与就业机会，实现农村集体内部的共同发展、共同富裕。当农民全部参与进来后，自然不会对生态农场发展进行刻意破坏，社会管理成本可以显著降低。

第二节　农场联合载体设计

生态农场联合有两种方式：一是组建合作社，各个农场成为合作社的成员，参与各方在合作中顺利发展；二是公司化，即以一个大公司的形式管理各个农场，各个农场相当于总公司的分公司或子公司。由于农业生产特征决定了家庭农场是农业生产的高效组织，所以在理论上可以很好地开展合作的总公司与子公司模式其实在农业实践中并不普遍，以合作社的方式进行合作更为可行。

一、合作社与公司差异

合作社与作为现代市场经济主体的公司具有以下本质性差异。

（一）目标不同

最早建立合作社的目的是解决社会发展不公问题，其目标不是单纯获取利益，而是促进社员共同发展、共同富裕。

公司发展目标非常明确，就是获取利润。公司可以通过加强员工发展获取利润，也可以通过减少员工利益获取利润。

（二）合作方式不同

合作社是典型的人合组织，而非资合组织。所谓人合就是以人的劳动为合作的基础，其合作的目标是社员利益最大化；而资合是资本的合作，其最终目的是利润最大化。

（三）管理方式不同

合作社是一人一票制，以人为主。与合作社人合机制相匹配，其管理是“一人一票”的民主管理。由社员共同决定合作社的事务，而不是少数大股东做主。而且为了充分发挥民主的本质，合作社管理决策是在征求每个人意见基础上形成的，体现了集体的智慧。合作社的民主本质就是让民众作主，调动所有社员的积极性。

公司是一股一票，与人无关。在公司决策权中，所持股份越多代表持有票数越多，决策权也越大。因此，公司决策权是由大股东掌控的，一般的员工实际上无决策权。而大股东代表的更多是资本利益，而非大量普通员工利益，这就是资合与人合的本质差异。

（四）利润分配方式不同

合作社利润分配以交易额为依据，而非股份。而公司则以股份为依据分配利润。合作社多为二次分配制。第一次分配一般完全按市场价格进行。而在年底结算时，如果合作社还有利润，除了公共积累外，其余都是按交易额分配给合作社成员。公司利润分配相对简单，直接按股份分配给股东，不存在二次分配问题。

对于合作社与公司分配方式哪种更合理的问题，其实要根据具体情况来进行判断。在经济学中，利润作为企业剩余索取权一般是作为企业家才能获得的报酬，也就是管理者的报酬。而在实践中，不管是公司还是合作社，其管理者往往是一个团队而非个人。但利润最终要分配到个人，所以其核算成本非常高。为降低管理成本，公司以股份，合作社以交易额，清晰地界定分配比例。其是否合理取决于贡献大的个人是否拥有匹配股份与交易额，当两者匹配时，其利润分配也就相应合理了。

（五）社区责任不同

合作社强调社区教育与社员成长，而非主体独立发展。这是弱者对抗强者的方法。但弱者联合时，必须要将自己的一部分行动自由让度出来，这样才能形成合力。这就是合作社强调社区教育与集体行动的原因。

公司没有带动社区发展的义务。少数公司不但不关注社区发展，甚至可能有损害社区的行为出现，如环境污染、扰乱市场等。但优秀的公司也会关注社区，并将其纳入公司公关业务当中。现代营销中的社会营销理念也要求公司关注社会发展，所以优秀的组织最终都会关注社会的整体发展。

二、农民专业合作社与股份经济合作社

通过上述比较可以发现，合作社比公司制更能照顾普通社员的利益，更能带动更多普通人的发展，所以在理论上更适合作为生态农场联合的组织载体。我国的合作社又细分为农民专业合作社与股份经济合作社。农民专业合作社主要是专业性合作，倾向于某种具体的商品与服务的联合。而股份经济合作社实际上是一种综合性合作，可以经营各种类型业务，代表的是农民集体利益。股份经济合作社已经在农业系统内赋码登记，并逐渐开展实际经营。因生态农业需要在区域内实现种养循环、工农循环、生产与消费循环，所以股份经济合作社将是农场联合后更为理想的载体。

全域生态农业的山西实践

山西大同灵丘车河社区（以下简称“车河社区”）自 2013 年起开始了全域生态农业发展试点。经过近十年发展，不但在两个村庄内探索了有机旱作体系，还打造了基于有机农业的“有机农业+美丽乡村+生态旅游”三产融合式产业体系。车河社区在 2016 年整体获得有机认证。2018 年车河社区确权耕地面积 800 亩。2021 年种植玉米 215 亩、黍子 40 亩、谷子 20 亩、马铃薯 40 亩、小麦 10 亩、果树 400 亩，养殖柴羽乌骨鸡 1.3 万只，年产蛋 6500 斤，青背山羊 3800 余只，存栏黑猪 60 头。本地农民不但完全实现脱贫，还不断吸引外出打工的农民回乡创业。到 2022 年，已经回乡创业与就业的农户共 21 家。

全域生态农业在车河社区全面发展以后取得了系列重要突破。据中国农业大学胡跃高教授与车河社区书记王春共同介绍，经过 9 年发展，车河当地达到有机标准的农产品成本与普通农产品成本已经较为接近，而且其产量更高。尤其在干旱年份，生态农产品产量优势更加明显。该成果对其他地区具有非常大的启发作用。许多地区在发展生态农业时总是担心生态农业产量低，影响国家粮食安全，而车河社区全域有机实践证明，生态农业在多年发展之后，其单产与总产都可高于石化农业，不会影响国家粮食安全，而且可以提供更健康的食品。许多地方生态农产品价格是普通农产品的 3~5 倍，消费者接受程度低，所以当地不愿意发展生态农业。但是车河社区的实践表明，只要真正做到全域生态，农场的成本会迅速降低，最终与石化农业成本接近。这样，不但消费者愿意接受，生产者也会因市场的扩大而实现跳跃式发展。总体来看，生态农业值得各地方推广。

思考题

1. 生态农场为何要组织起来？
2. 哪种组织方式是生态农场联合的最佳载体？
3. 参观农民专业合作社与股份经济合作社，了解其管理组织与主要业务。

参考文献

白杜娟，2012. 波尔多液预防葡萄病害效果好[J]. 西北园艺(果树)(2)：40-41.

白勇，王晓燕，胡光，等，2007. 非化学方法在农田杂草防治中的应用[J]. 农业机械学报，38(4)：191-196.

陈发军，王路伟，李石清，等，2018. 竹醋液生物农药对杂草的防效及对延胡索产量的影响[J]. 中国现代中药，20(10)：1217-1220.

丁俊华，2014. 中国特色社会主义农业合作社发展研究[D]. 郑州：河南大学.

樊彦兵，2013. 马铃薯黑色地膜全覆盖除草效果初报[J]. 甘肃农业科技(9)：35-37.

范树阳，2004. 加拿大有机农业中的杂草管理[J]. 内蒙古环境保护(2)：36-41.

范允舟，明星，王玮玮，等，2012. 中国消化道癌症与饮水相关危险因素 Meta 分析[J]. 现代预防医学(10)：1-5.

弗兰克·德拉诺，2003. 命名强力品牌[M]. 上海：上海人民出版社.

福冈正信，1994. 一根稻草的革命[M]. 樊建明，于荣胜，译. 北京：北京大学出版社.

傅立叶，1981. 傅立叶选集 第三卷[M]. 北京：商务印书馆.

甘国福，王德卿，徐生海，2000. 武威地区玉米田杂草种子库调查简报[J]. 植保技术与推广(6)：28-29.

龚德荣，2010. 稻茬麦免少耕秸秆覆盖配套栽培技术研究初报[J]. 安徽农学通报(下半月刊)，16(14)：99-100，102.

谷树忠，胡咏君，周洪，2013. 生态文明建设的科学内涵与基本路径[J]. 资源科学，35(1)：2-13.

侯红彩，2019. 浅谈农业发展中除草剂的危害[J]. 现代农村科技(3)：23.

黄兵，吴铭，张丁月，2021. 稻虾高效共作模式介绍[J]. 渔业致富指南(8)：43-46.

冀营光，黄亚丽，史延茂，等，2006. 细菌除草剂马唐致病菌的筛选[J]. 生物技术(3)：71-74.

贾四新，徐建忠，2004. 稻鸭共栖模式在生产绿色大米中的应用[J]. 江西农业科技(1)：4-5.

孔庆喜，姚宝玉，胡翠清，2005. 农药的致癌性评价[J]. 农药科学与管理(7)：26-29.

李冰，2019. 论大型农机具深松深翻技术[J]. 农民致富之友(7)：121.

李秉华，刘小民，许贤，等，2017. 玉米不同种植密度、耕作模式和水分管理对杂草的影响[J]. 杂草学报，35(3)：34-37.

李春梅，刘光东，王新鹏，2016. 合理利用杂草可有效提升果园土壤肥力[J]. 西北园艺(果树)(2)：47-48.

蔺红苹，李建辉，2010. 稻田杂草调查及白三叶草对杂草的化感作用初探[J]. 种子，29(4)：98-100.

刘广勤，朱海军，周蓓蓓，等，2010. 鼠茅覆盖对梨园杂草控制及土壤微生物和酶活性的影响[J]. 果树学报，27(6)：1024-1028.

刘利花，尹昌斌，钱小平，2015. 稻田资源价值体系构建及价值评估——以南京市为例[J]. 中国农业资源与区划，36(2)：29-37.

鲁艳辉，白琪，郑许松，等，2017. 不同地理种群二化螟对诱集植物香根草的选择趋性比较[J]. 植物保护学报，44(6)：968-972.

鲁艳辉，高广春，郑许松，等，2017. 诱集植物香根草对二化螟幼虫致死的作用机制[J]. 中国农业科学，

50(3)：486-495.
宁辉荣，徐爱东，刘玉凤，2015. 除草剂在现代农业发展中的危害及对策[J]. 农民致富之友(15)：114.
潘发军，2019. 小麦秸秆全量还田免耕直播玉米轻简化栽培技术[J]. 园艺与种苗(5)：57-58，67.
佀国，2017. 长期稻虾共作模式下稻田土壤肥力变化特征研究[D]. 武汉：华中农业大学.
孙嘉伟，许晓君，蔡秋茂，等，2013. 中国甲状腺癌发病趋势分析[J]. 中国肿瘤，22(9)：690-693.
唐莲，白丹，2003. 农业活动非点源污染与水环境恶化[J]. 自然生态保护(3)：18-20.
唐宗焜，2012. 合作社真谛[M]. 北京：知识产权出版社.
王大平，2001. 苹果园植被多样化在果树害虫持续治理中的作用[J]. 西南师范大学学报(自然科学版)(3)：333-336.
王晶晶，李娜，张身嗣，2017. 覆盖作物白三叶对蓝莓园杂草的生物防除效果[J]. 北方园艺(3)：138-140.
王强盛，黄丕生，甄若宏，等，2004. 稻鸭共作对稻田营养生态及稻米品质的影响[J]. 应用生态学报(4)：639-645.
王勇，姚沁，任亚峰，等，2018. 茶园杂草危害的防控现状及治理策略的探讨[J]. 中国农学通报，34(18)：138-150.
魏如翰，2016. 现代农业发展中除草剂的危害及对策[J]. 闽东农业科技(3)：28-29.
夏国军，1997. 杂草的利用价值[J]. 生物学杂志(1)：31-32.
向平安，黄璜，黄梅，等，2006. 稻-鸭生态种养技术减排甲烷的研究及经济评价[J]. 中国农业科学(5)：968-975.
谢普清，杨剑，2011. 植物源除草活性产物研究进展[J]. 安徽农业科学，39(17)：10307-10309.
徐大兵，贾平安，彭成林，等，2015. 稻虾共作模式下稻田杂草生长和群落多样性的调查[J]. 湖北农业科学，54(22)：5599-5602.
徐锦华，张永平，张春，等，2000. 265 例成人白血病危险因素的多元 Logistic 回归分析[J]. 中国公共卫生(7)：582-585.
徐蕊，王芹，王岩，2009. 森林社会效益内涵及主要指标的计量方法[J]. 林业科技，34(4)：70-72.
许多多，2018. 注意饮食健康　警惕隐形饥饿[J]. 中国食品(1)：158-159.
杨代凤，董明辉，顾俊荣，等，2019. “稻-虾-草-鹅”周年高效循环种养模式关键技术[J]. 安徽农学通报，25(9)：47-48，52.
杨开道，1933. 农场管理学[M]. 北京：商务印书馆.
叶谦吉，1982. 生态农业[J]. 农业经济问题(11)：3-10.
叶谦吉，罗必良，1987. 生态农业发展的战略问题[J]. 西南农业大学学报(1)：1-8.
于世江，2008. 污染和环境因素与我国食管癌的关系[D]. 汕头：汕头大学医学院.
俞家宝，1994. 农村合作经济学[M]. 北京：北京农业大学出版社.
张福贵，叶东旭，刘鹏程，等，2020. 不同碳氮比对中温和高温厌氧消化的影响研究[J]. 环境科学与管理，45(7)：108-114.
张敬敏，桑茂鹏，朱哲，等，2013. 植物对氨基酸的吸收研究进展[J]. 氨基酸和生物资源，35(2)：19-22.
张小曳，孙俊英，王亚强，等，2013. 我国雾霾成因及其治理的思考[J]. 科学通报，58：1178-1187.
张越，赵宇宾，蔡亚凡，等，2020. 农用植物酵素的生态效应研究进展[J]. 中国农业大学学报，25(3)：25-35.
甄若宏，王强盛，张卫建，等，2007. 稻鸭共作对稻田主要病、虫、草的生态控制效应[J]. 南京农业大学学报(2)：60-64.

周冏，罗海江，孙聪，等，2020. 中国农村饮用水水源地水质状况研究[J]. 中国环境监测，36(6)：89-94.

朱政，周常义，曾磊，等，2019. 酵素产品的研究进展及问题探究[J]. 中国酿造，38(3)：10-13.

庄超，张羽佳，唐伟，等，2015. 齐整小核菌和禾长蠕孢菌稗草专化型复配防除直播稻田杂草的试验研究[J]. 中国生物防治学报，31(2)：242-249.

邹晟，苏小波，2016. 农业生产中除草剂的危害及对策[J]. 中国农业信息(9)：119-120.

BERNING J P，2012. Access to Local Agriculture and Weight Outcomes[J]. Agricultural and Resource Economics Review，41/1(April 2012)：57-71.

LITHOURGIDIS A S，DORDAS C A，DAMALAS C A，et al.，2011. Annual intercrops：an alternative pathway for sustainable agriculture[J]. Australian Journal of Crop Science，5(4)：396-410.

KAY R D，EDWARDS W M，DUFFY P A，2006. Farm management[M]. Sixth Edition. Boston：Mc Graw Hill Higher Education.